Mukesh Chaubey

Um manual de óleos essenciais e gestão de pragas de insectos de grãos armazenados

Mukesh Chaubey

Um manual de óleos essenciais e gestão de pragas de insectos de grãos armazenados

ScienciaScripts

Imprint

Any brand names and product names mentioned in this book are subject to trademark, brand or patent protection and are trademarks or registered trademarks of their respective holders. The use of brand names, product names, common names, trade names, product descriptions etc. even without a particular marking in this work is in no way to be construed to mean that such names may be regarded as unrestricted in respect of trademark and brand protection legislation and could thus be used by anyone.

Cover image: www.ingimage.com

This book is a translation from the original published under ISBN 978-620-2-05192-7.

Publisher:
Sciencia Scripts
is a trademark of
Dodo Books Indian Ocean Ltd. and OmniScriptum S.R.L publishing group

120 High Road, East Finchley, London, N2 9ED, United Kingdom
Str. Armeneasca 28/1, office 1, Chisinau MD-2012, Republic of Moldova, Europe
Printed at: see last page
ISBN: 978-620-7-66711-6

ÍNDICE

SOBRE O AUTOR

O Dr. Mukesh Kumar Chaubey é Professor Assistente no Departamento de Zoologia, Mahatma Gandhi Post Graduate College, Gorakhpur, U.P., INDIA. Recebeu o doutoramento em 2007 da Universidade Deen Dayal Upadhyaya Gorakhpur, Gorakhpur, U.P., Índia, e depois disso entrou para o corpo docente em 2007. Concluiu dois projectos de investigação financiados pela University Grants Commission, Nova Deli. As suas áreas de investigação são "Toxinologia" e "Gestão de pragas de insectos". Criou um "Laboratório de Óleos Essenciais" no Departamento de Zoologia, Mahatma Gandhi Post Graduate College, Gorakhpur, U.P., ÍNDIA. Publicou mais de trinta artigos de investigação em revistas científicas de renome internacional.

SOBRE O LIVRO

Os óleos essenciais são fitoquímicos naturais produzidos como metabolitos secundários nas plantas. São misturas complexas de compostos voláteis e contêm geralmente vinte a sessenta compostos individuais em diferentes concentrações. São lipofílicos por natureza e têm uma densidade inferior à da água. Estes interferem com as funções metabólicas, bioquímicas, fisiológicas e comportamentais básicas dos insectos. Diversos óleos essenciais e os seus constituintes têm sido reconhecidos pelas suas actividades repelente, antifeedante, ovicida, inibidora da oviposição e inibidora do desenvolvimento dos insectos. Estes insecticidas interferem provavelmente com o sistema respiratório e nervoso do inseto para exercerem as suas acções. Estes óleos essenciais constituem uma fonte alternativa de agentes de controlo de insectos porque contêm uma gama de substâncias químicas bioactivas, a maioria das quais são selectivas e têm pouco ou nenhum efeito nocivo no ambiente e nos organismos não visados, incluindo o ser humano. Neste livro, foram discutidos diferentes aspectos dos óleos essenciais como ferramenta alternativa na gestão de pragas de insectos de grãos armazenados. O principal objetivo deste livro é fornecer informações básicas sobre os óleos essenciais derivados de plantas, a sua química e o seu papel na luta contra as pragas de insectos dos cereais armazenados, numa linguagem leiga, para que os alunos possam levar para terra as informações do laboratório.

CAPÍTULO 1. INTRODUÇÃO

As plantas e os óleos aromáticos são utilizados há milhares de anos como perfumes, cosméticos e medicamentos. Para além disso, a sua utilização ritual tornou-as parte integrante da tradição na maioria das culturas primitivas, onde os seus papéis religiosos e terapêuticos se tornaram indissociáveis. Este tipo de prática ainda pode ser observado no Oriente, onde ramos de zimbro são queimados nos templos tibetanos como purificadores de ar. A literatura védica da Índia, que data de cerca de 2000 a.C., enumera mais de 700 substâncias de origem vegetal aromática. Na língua indo-ariana, "atar" significa fumo, vento, odor e essência, e o Rig Veda reconhece a sua utilização tanto no culto como na terapêutica. A forma como são descritas na literatura reflecte um ponto de vista espiritual e filosófico em que a humanidade é vista como uma parte da natureza e o manuseamento das ervas como uma tarefa sagrada. Os chineses também têm uma tradição herbácea antiga em que as ervas são utilizadas na acupunctura. Estas são mencionadas no Livro de Medicina Interna do Imperador Amarelo, datado de mais de 2000 anos a.C. Os manuscritos em papiro da antiga civilização egípcia, que remontam ao reinado de Khufu, cerca de 2800 a.C., mencionam a utilização de muitas ervas medicinais, enquanto outro papiro, escrito cerca de 2000 a.C., descreve os óleos como perfume nos templos para agradar ao Deus. Todas as plantas aromáticas produzem uma mistura de substâncias químicas voláteis de natureza química diversa sob a forma de óleos essenciais voláteis, cada um com uma essência distinta.

Os óleos essenciais derivados de plantas, também conhecidos como óleos voláteis ou etéreos, são misturas de compostos odoríferos e voláteis. Trata-se de metabolitos secundários complexos naturais caracterizados por um forte odor. Têm uma densidade geralmente inferior à da água (Bruneton 1999; Bakkali et al. 2008). Sabe-se que cerca de 10% das espécies vegetais contêm óleos essenciais. Existem 17 500 espécies de plantas aromáticas entre as plantas superiores e são conhecidos cerca de 3 000 óleos essenciais, dos quais 300 são utilizados comercialmente nas indústrias farmacêutica, cosmética e de perfumaria, para além da aplicação de pesticidas (Franzios et al. 1997; Bruneton 1999; Chang e Cheng 2002; Bakkali et al. 2008). Os géneros capazes de produzir óleos essenciais estão distribuídos por um número limitado de famílias, como Apiaceae, Asteraceae, Compositae, Cupressaceae, Labiatae, Lauraceae, Myrtaceae, Piperaceae, Poaceae, Rutaceae e Zingiberaceae (Quadro 1). Os óleos essenciais são extraídos de folhas, flores, cascas, sementes, madeira, bagas, resinas, rizomas e raízes (Quadro 2).

QUADRO 1. ALGUMAS PLANTAS COMUNS PRODUTORAS DE ÓLEOS ESSENCIAIS

S. Não.	NOME COMUM	NOME BOTÂNICO	FAMÍLIA
1	Calêndula africana	*Tagetes erecta*	Compositae
2	Ajowan	*Trachyspermum ammi*	Apiaceae

3	Angelica	*Angelica officinalis*	Apiaceae
4	Anis	*Pimpinella anisum*	Apiaceae
5	Arubatu	*Ageratum conyzoides*	Umbelíferas
6	Aspic	*Lavandula spica*	Labiatae
7	Baobá	*Adnsonia digitata*	Bombacaceae
8	Manjericão	*Ocimum basilicum*	Labiatae
9	Baume de Perou	*Myroxylon balsamum*	Leguminosas
10	Baume de Tolu	*Myroxylon toluferum*	Leguminosas
11	Baía	*Pimenta acris*	Myrtaceae
12	Bel	*Aegle marmelos*	Rutáceas
13	Benjoim	*Stryrax benzoin*	Stryraceae
14	Bergamota	*Citrus aurantium bergamia*	Rutáceas
15	Salva grande	*Câmara de Lantana*	Verbenáceas
16	Pimenta preta	*Piper nigrum*	Piperaceae
17	Cade	*Juniperus oxycedrus*	Cupressaceae
18	Cajuput	*Melaleuca leucadendron*	Myrtaceae
19	Cálamo	*Acorus calamus*	Acoráceas
20	Calêndula	*Calêndula (Calendula officinalis)*	Compositae
21	Cânfora	*Cinnamomum camphora*	Lauraceae
22	Cenoura	*Daucus carota*	Umbelíferas
23	Carway	*Carum carvi*	Apiaceae
24	Cardamomo	*Elettaria cardamomum*	Zinziberaceae
25	Aipo	*Apium graveolens*	Apiaceae
26	Camomila	*Chamaemelum nobile*	Compositae
27	Canela	*Cinnamomum zeylanicum*	Lauraceae
28	Citronela	*Cymbopogon nardus*	Gramíneas
29	Cravo	*Eugenia earyophyllata*	Myrtaceae
30	Coentros	*Coriabdrum sativum*	Apiaceae
31	Cubeb	*Piper cubeba*	Piperaceae
32	Cominho	*Cuminum cyminum*	Apiaceae
33	Caril	*Murraya koenigii*	Rutáceas
34	Cipreste	*Cupressus sempervirens*	Cupressaceae
35	Endro	*Anethum graveolens*	Apiaceae
36	Elemi	*Canário luzónico*	Burseraceae
37	Eucalipto	*Eucalipto spp.*	Myrtaceae
38	Funcho	*Foeniculum vulgare*	Apiaceae
39	Feno-grego	*Trigonella foenum-graecum*	Fabáceas
40	Pouca febre	*Chrysanthamum parthenium*	Asteraceae
41	Incenso	*Boswellia carteri*	Burseraceae
42	Gálbano	*Ferula galbanflua*	Apiáceas

43	Alho	*Allium sativum*	Liliaceae
44	Gerânio	*Pelargonium spp.*	Geranáceas
45	Gengibre	*Zingiber officinale*	Zingiberaceae
46	Rabanete	*Cochleria armoracia*	Crucíferas
47	Hissopo	*Hyssopus officinalis*	Labiatae
48	Cássia indiana	*Cinnamomum tamala*	Lauraceae
49	Laburno indiano	*Cassia fistula*	Caesalpiniaceae
50	Inukoju	*Orthodon punctulatum*	Labiatae
51	Chipre italiano	*Cupressus sempervirens*	Cupressaceae
52	Pimenta japonesa	*Piper japonicum*	Piperaceae
53	Jasmim	*Jasminum officinale*	Oleáceas
54	Espinho de canguru	*Acacia armata*	Mimosáceas
55	Kewda	*Pandanus fasicularis*	Pandanaceae
56	Laurel	*Laurus nibilis*	Lauraceae
57	Lavanda	*Lavandula augutifolia offinalis*	Labiatae
58	Limão	*Citrinos limões*	Rutáceas
59	Capim-limão	*Cymbopogon citratus*	Gramíneas
60	Cal	*Citrus aurantifolia*	Rutáceas
61	Lovage	*Levisticum officinale*	Apiaceae
62	Mandarim	*Citrus reticulata*	Rutáceas
63	Manjerona	*Origanum majorana*	Labiatae
64	Mellisa	*Mellisa officinalis*	Labiatae
65	Abélia mexicana	*Abélia floribunda*	Caprifoliaceae
66	Hortelã	*Mentha piperita*	Labiatae
67	Mostarda	*Brassica nigra*	Crucíferas
68	Mirra	*Commiphora myrrha*	Burseraceae
69	Murta	*Mirto (Myrtus communis)*	Myrtaceae
70	Neroli	*Citrus aurantium bigaradia*	Rutáceas
71	Niaouli	*Melaleuca viridiflora*	Myrtaceae
72	Cebola	*Allium cepa*	Liliaceae
73	Laranja	*Citrus aurantium sinensis*	Rutáceas
74	Oregãos	*Origanum vulgare*	Labiatae
75	Palmarosa	*Cymbopogon martini*	Gramíneas
76	Salsa	*Petroselinum sativum*	Apiaceae
77	Patchouli	*Pogostemon cablin*	Labiatae
78	Pimenta	*Piper nigrum*	Piperaceae
79	Petitgrain	*Citrus aurantium*	Rutáceas
80	Pimento	*Pimenta officinalis*	Myrtaceae
81	Pipli	*Piper longum*	Piperaceae
82	Rainha da noite	*Cestrum nocturnum*	Solanáceas

83	Rosa	*Rosa spp.*	Rosáceas
84	Alecrim	*Rosemarinus officinalis*	Labiatae
85	Sálvia	*Salvia officinalis*	Labiatae
86	Sândalo	*Santalum album*	Santalaceae
87	Sassafrás	*Sassafrás albidum*	Lauraceae
88	Salgados	*Satureja hortensis*	Labiatae
89	Bétula prateada	*Betula pendula*	Betuláceas
90	Anis estrelado	*Illicium verum*	Illiciaceae
91	Bandeira doce	*Acorus calamus*	Araceae
92	Absinto doce	*Artemisia annua*	Asteraceae
93	Taragon	*Artemisia dracunculus*	Compositae
94	Chá	*Melaleuca alternifolia*	Myrtaceae
95	Tulsi	*Ocimum sanctum*	Labiatae
96	Açafrão-da-terra	*Curcuma longa*	Zingiberaceae
97	Thuja	*Thuja spp.*	Cupressaceae
98	Tomilho	*Thymus spp.*	Labiatae
99	Verbena	*Lippia citriodora*	Verbeaceae
100	Verdura de inverno	*Gaultheria procumbens*	Ericaceae
101	Manjericão selvagem	*Calamintha vulgaris*	Labiatae
102	Ylang-Ylang	*Cananga odorata*	Anonáceas

Os óleos essenciais são produzidos e acumulados em estruturas especializadas, uma vez que são tóxicos para as células. Existem várias estruturas secretoras especializadas como células oleíferas, glândulas oleíferas, ductos e tricomas que estão discretamente distribuídos nas plantas, desde as flores até às raízes. De acordo com Gottlieb e Salatino (1987), a produção de óleo essencial e a formação de estruturas secretoras estão intimamente ligadas. Por exemplo, glóbulos de óleo dentro da membrana da célula secretora do rizoma em *Zingiber officinale* (Svoboda et al. 2001), glândula peltada nas folhas de *Lippia scaberrima* (Combrinck et al. 2007) e cavidade secretora na casca de *Citrus* são responsáveis pela biossíntese e armazenamento do óleo essencial (Voo et al. 2012). Factores endógenos, como o estádio de desenvolvimento da planta inteira e de órgãos específicos, e factores exógenos, tanto bióticos como abióticos, podem alterar a produção de óleo essencial (Sangwan et al. 2001; Lima et al. 2003; Gobbo-Neto e Lopes 2007). Sangwan et al. (2001) indicaram que a ontogenia, a taxa fotossintética, o fotoperíodo, a qualidade da luz, as alterações climáticas e sazonais, a nutrição, a humidade, a salinidade, a temperatura, a natureza do solo, as estruturas de armazenamento e os reguladores de crescimento são factores que afectam a produção de óleos essenciais, tanto quantitativa como qualitativamente.

QUADRO 2. PRINCIPAIS MATÉRIAS-PRIMAS UTILIZADAS NA EXTRACÇÃO DE ÓLEOS ESSENCIAIS

Leaves	Flowers	Seeds	Peel	Wood
Basil	Boronia	Almond	Bergamot	Camphor
Bay leaf	Chamomile	Ambrette	Grape fruit	Cedar
Bay Laurel	Clary Sage	Anise	Lemon	Rosewood
Bel	Clove	Bean Cardamom	Lime	Sandalwood
Bergamot	Geranium	Carrot	Orange	
Cajeput	Hyssop	Celery	Tangerine	**Bark**
Cinnamon	Jasmine	Coriander Cumin		Cassia
Curry	Lavender	Dill		Cinnamon
Eucalyptus	Marjoram	Fennel Nutmeg	**Root**	
Geranium	Marygold	Parsley	Angelica,	**Rhizome**
Lemon	Neroli		Ginger,	Ginger
Lemon Grass	Orange		Spikenard,	
Marygold	Rose		Valerian	
Mint	Ylang-Ylang		Vetiver	
Myrtle		**Berries**		
Niaouli				
Oregano	**Resins**	Allspice Berry		
Patchouli		Black pepper		
Petitgrain	Balsam	Caraway Seed		
Rosemary	Benzoin	Coriander		
Spearmint	Elemi	Juniper		
Tea	Frankincense	May Chang		
Thyme	Galbanum	Tailed pepper		
Tobacco	Gurjum			
Wintergreen	Myrrh			
	Peru			

O teor total de óleo essencial das plantas é geralmente muito baixo e raramente excede 1%, mas em alguns casos, como o cravinho (*Syzygium aromaticum*) e a noz-moscada (*Myristica fragrans*), atinge até 10% (Bowles 2003). Devido à presença de ligações duplas e grupos funcionais como hidroxilo, aldeído e éster nas suas estruturas moleculares, os óleos essenciais são facilmente oxidáveis pela luz, calor e ar (Skold et al. 2006, 2008). Os óleos são armazenados como microgotas em diferentes glândulas das plantas. Depois de se difundirem nas glândulas, as gotículas de óleo espalham-se pela superfície das partes da planta antes de se evaporarem e se espalharem no ar. As plantas mais odoríferas encontram-se nos trópicos, onde a energia solar é maior.

FIGURA. 1. ESPECIARIAS INDIANAS COMUNS

Existem numerosos relatórios sobre diferenças no teor e na composição do óleo em plantas aromáticas devido a variações sazonais. Os factores microclimáticos, tais como a temperatura, a distribuição da precipitação e também as características geográficas, especialmente a altitude, também contribuem para as diferenças no quimiotipo de certas plantas que produzem óleos essenciais. O tipo e a natureza dos constituintes e os seus níveis de concentração individuais são atributos importantes, particularmente em termos de actividades biológicas dos óleos essenciais (Batish et al. 2008). Vekiari et al. (2002) relataram a variação sazonal das quantidades de acetato de nerilo, acetato de geranilo e citronelal nas folhas e na casca de determinadas variedades de limão.

Os valores máximos dos compostos foram obtidos durante a estação da primavera em comparação com a estação do inverno (Crescimanno et al. 1988).

Aegle marmelos
Citrus limonum
Callistemon
Ocimum sanctum
Tagetes erecta
Coriandrum sativum
Gardenia jasminoides
Cupressus semipervirens
Murraya koenigii
Vinca roseus
Parthenium hysterophorus
Jasminum sambac

FIGURA 2. PLANTAS AROMÁTICAS COMUNS

CAPÍTULO 2. EXTRACÇÃO DE ÓLEOS ESSENCIAIS

Os óleos essenciais presentes nas células vegetais são extraídos de diferentes partes como folhas, flores, frutos, raízes, madeira, casca, gomas e flor da planta por diferentes métodos como expressão a frio, destilação a vapor, hidrodifusão, destilação destrutiva, turbo destilação, extração assistida por ultra-sons, extração assistida por micro-ondas, etc. (Bowles 2003; Lahlou 2004; Surburg e Panten 2006; Pourmortazavi e Hajimirsadeghi 2007; Martínez 2008; Da Porto et al. 2009; Hunter 2009). Assim, a composição química do óleo, tanto quantitativa como qualitativa, difere em função do método de extração. Por exemplo, os métodos de hidrodestilação e de destilação a vapor produzem óleos ricos em hidrocarbonetos terpénicos. Em contrapartida, os óleos extraídos por via supercrítica contêm uma percentagem mais elevada de compostos oxigenados (Eikani et al. 2007; Wenqiang et al. 2007; Donelian et al. 2009). As plantas mais jovens produzem mais óleo do que as mais velhas, mas as plantas velhas são mais ricas em óleos mais resinosos e mais escuros devido à evaporação contínua das fracções mais leves do óleo. A produção de óleo essencial não depende apenas da genética da planta ou do seu estádio de desenvolvimento, mas também do seu ambiente. As alterações nas condições ambientais influenciam as vias bioquímicas e os processos fisiológicos de forma significativa, alterando o metabolismo da planta e, por conseguinte, a biossíntese do óleo essencial (Sangwan et al. 2001).

MÉTODOS DE EXTRACÇÃO DE ÓLEOS ESSENCIAIS:

1. DESTILAÇÃO: O alquimista árabe Ibn Sina (980 - 1037 d.C.) foi a primeira pessoa a utilizar na perfeição a destilação a vapor. O seu processo era tão bom que se manteve inalterado durante algumas centenas de anos. A destilação converte os óleos essenciais voláteis num vapor e depois condensa o vapor novamente num líquido. É o método mais popular e económico ainda utilizado atualmente na produção de óleos essenciais. A desvantagem deste método é que o calor utilizado neste método de extração é totalmente inaceitável para materiais muito frágeis ou onde os óleos são extraídos com grande dificuldade. Quando se aplica este método de extração, é necessário ter muito cuidado com a temperatura e o tempo de exposição ao calor para evitar danificar os óleos. A destilação pode ser efectuada de três formas:

A. DESTILAÇÃO EM ÁGUA: Na extração de óleos essenciais por este método, o material vegetal é completamente imerso em água e depois fervido. Este método protege os óleos até um certo ponto, uma vez que a água circundante actua como uma barreira para evitar o sobreaquecimento do material vegetal. Quando o material condensado arrefece, a água e o óleo essencial são separados e o óleo é decantado para ser utilizado como óleo essencial. A água assim separada neste processo é utilizada e comercializada como "águas florais" (também designadas por hidrossol ou água doce), como a água de rosas e a água de lavanda. A destilação em água pode ser efectuada a pressão reduzida (sob vácuo) para reduzir a temperatura para menos de 100 graus, o que é benéfico para proteger o material botânico, bem como os óleos essenciais. O óleo de Neroli, que é sensível ao calor, pode ser extraído com sucesso utilizando este método. Qualquer material botânico que contenha quantidades elevadas de ésteres não deve ser processado através deste método de extração, uma vez que a exposição prolongada à água quente começará a decompor os ésteres nos álcoois e ácidos carboxílicos resultantes.

DESVANTAGENS DA DESTILAÇÃO DA ÁGUA:

i. Os componentes do óleo, como os ésteres, são sensíveis à hidrólise, enquanto outros, como os hidrocarbonetos monoterpénicos acíclicos e os aldeídos, são susceptíveis de polimerização. Uma vez que o pH da água é frequentemente reduzido durante a destilação, as reacções hidrolíticas são facilitadas.

ii. Os componentes oxigenados, como os fenóis, têm tendência a dissolver-se na água de destilação, pelo que não é possível a sua remoção completa por destilação.

iii. Uma vez que a destilação em água tende a ser uma operação pequena (efectuada por uma ou duas pessoas), é necessário muito tempo para acumular uma quantidade razoável de óleo, pelo que o óleo de boa qualidade é frequentemente misturado com óleo de má qualidade.

iv. O processo de destilação é tratado como uma arte pelos destiladores locais, que raramente tentam otimizar o rendimento e a qualidade do azeite.

v. A destilação da água é um processo lento.

B. DESTILAÇÃO A VAPOR: Quando a destilação a vapor é utilizada para extrair óleos essenciais, o material vegetal é colocado num alambique e o vapor é forçado sobre o material. O vapor quente ajuda a libertar as moléculas aromáticas do material vegetal, uma vez que o vapor força a abertura das bolsas em que os óleos estão guardados no material vegetal. As moléculas destes óleos voláteis escapam então do material vegetal e evaporam-se no vapor. A temperatura do vapor deve ser cuidadosamente controlada e deve ser apenas suficiente para forçar o material vegetal a libertar o óleo essencial, mas não demasiado quente para queimar o material vegetal ou o óleo essencial. O vapor, que contém então o óleo essencial, é passado através de um sistema de arrefecimento para condensar o vapor e obter um líquido do qual o óleo essencial e a água são então separados. O vapor é produzido a uma pressão superior à da atmosfera e, por conseguinte, ferve a mais de 100^0 C, o que facilita a remoção do óleo essencial do material vegetal a um ritmo mais rápido, sem danificar o óleo. Alguns óleos, como o de lavanda, são sensíveis ao calor (termolábeis) e, com este método de extração, o óleo não é danificado e ingredientes como o acetato de linalilo não se decompõem em linalol e ácido acético.

DESVANTAGENS DA DESTILAÇÃO A ÁGUA E A VAPOR:

i. Devido à baixa pressão do vapor ascendente, os óleos de elevado ponto de ebulição necessitam de uma maior quantidade de vapor para a vaporização, pelo que a duração da destilação é mais longa.

ii. O material vegetal fica húmido, o que torna a destilação mais lenta, uma vez que o vapor tem de vaporizar a água para permitir a sua posterior condensação.

iii. O material vegetal inferior que repousa sobre a grelha fica encharcado. Para evitar esta situação, utiliza-se um deflector para evitar que a água ferva demasiado vigorosamente e entre em contacto direto com o material vegetal.

C. HIDRO DIFUSÃO: É um tipo de destilação a vapor em que o vapor é introduzido a partir de cima sobre o material vegetal, em vez de ser introduzido a partir de baixo, como na destilação a vapor normal. A condensação da mistura de vapor contendo óleo ocorre abaixo da área em que o material botânico é mantido no lugar por uma grelha. A principal vantagem deste método é o facto de se utilizar menos vapor. O tempo de processamento torna-se mais curto e o rendimento do óleo torna-se mais elevado.

VANTAGENS DA DESTILAÇÃO DIRECTA A VAPOR:

i. A quantidade de vapor pode ser facilmente controlada.

ii. Não há decomposição térmica dos constituintes do óleo.

iii. Pode ser utilizado para a produção de óleo em grande escala, superior aos outros dois processos.

COHOBAÇÃO:

Em algumas extracções de óleo essencial, algum químico ou parte do óleo essencial dissolve-se na água e, por isso, é removido do óleo. Assim, para obter o óleo completo, adicionamos a substância química deficiente ao óleo deficiente e procedemos a uma nova destilação até obtermos o óleo completo. A isto chama-se cohobação. A cohobação é um procedimento que só pode ser utilizado durante a destilação em água ou a destilação em água e vapor. Consiste em devolver a água destilada ao alambique após a separação do óleo, para que possa ser novamente fervida. O princípio subjacente é o de minimizar as perdas de componentes oxigenados, particularmente os fenóis que se dissolvem em certa medida na água destilada. Para a maioria dos óleos, este nível de perda de óleo através da solução em água é inferior a 0,2%, enquanto que para os óleos ricos em fenol a quantidade de óleo dissolvido na água destilada é de 0,2%-0,7%. Como este material está constantemente a ser revaporado, condensado e novamente vaporizado, quaisquer constituintes oxigenados dissolvidos promoverão a hidrólise e a degradação dos mesmos ou de outros constituintes do óleo. Do mesmo modo, se um componente oxigenado for constantemente posto em contacto com uma fonte de calor direta ou com o lado de um alambique, que é consideravelmente mais quente do que 100° C, então as hipóteses de degradação são maiores. Consequentemente, a prática da cohobação não é recomendada a não ser que a temperatura a que os constituintes oxigenados do destilado são expostos não seja superior a 100° C.

Quando o óleo de rosas é extraído por destilação em água, o principal constituinte, o álcool fenil etílico, dissolve-se na água da destilação e não faz parte do óleo essencial. O óleo extraído não é, portanto, completo e é deficiente neste ingrediente com cheiro a rosa e, para produzir um óleo "completo", o álcool fenílico etílico tem de ser destilado da água em que se dissolveu e adicionado novamente ao "óleo incompleto". Quando este álcool etílico fenílico é assim destilado, é novamente adicionado ao destilado original na proporção correcta, para formar um óleo de rosa completo e inteiro, e é então chamado Rose Otto.

OUTRA DESTILAÇÃO ESPECIALIZADA:

2. RECTIFICAÇÃO:

Quando um óleo essencial contém impurezas, pode ser purificado por redestilação, quer em vapor quer em vácuo, e esta purificação por redestilação é designada por retificação. Um exemplo disto é o óleo de eucalipto que é comercializado como "duplamente destilado". Este processo não é o mesmo que a refinação química ou térmica e é utilizado para produzir óleo de qualidade normalizada.

Destilação de água e vapor: Este processo é basicamente um casamento entre a destilação normal da água e a destilação a vapor. O material botânico é imerso em água num alambique, que tem uma fonte de calor, e o vapor vivo é introduzido na mistura de água e material botânico.

Destilação fraccionada:

3. EXPRESSÃO OU MÉTODO DE PRENSAGEM A FRIO:

Neste método não é utilizado calor, mas o óleo é forçado a sair do material sob alta pressão mecânica e produz geralmente óleo de boa qualidade, mas alguns fabricantes prejudicam esta boa qualidade refinando excessivamente o óleo após a extração por meio de produtos químicos ou calor elevado.

A. EXPRESSÃO DE ESPONJA: A maioria das essências de citrinos é extraída por expressão e, no passado, era feita à mão, sendo retirada a polpa do fruto. A casca e a medula eram então mergulhadas em água quente para tornar a casca mais maleável, uma vez que a medula do fruto absorvia a água. Depois de o fruto ter absorvido a água e se ter tornado mais elástico, foi invertido, o que ajudou a romper as células oleosas, e foi colocada uma esponja junto da casca. Esta foi então espremida para libertar o óleo volátil, que foi depois recolhido diretamente na esponja. Logo que a esponja fica saturada de óleo, é espremida e o óleo essencial é recolhido num recipiente e depois decantado.

B. ÉCUELLE À PIQUER: Esta forma de extração por expressão é utilizada principalmente para obter óleos essenciais de citrinos. É menos trabalhoso do que o método da esponja. Neste método, o fruto é colocado num dispositivo e rodado com picos laterais que perfuram as células oleaginosas da pele do fruto. Isto faz com que as células oleíferas se rompam e o óleo essencial, e outros materiais como o pigmento, escorram para o centro do dispositivo, que contém uma área de recolha. O líquido é então separado e o óleo é removido das partes à base de água da mistura.

C. ABRASÃO À MÁQUINA: Este método de extração de expressões é muito semelhante ao método da "écuelle à piquer" e é sobretudo utilizado no fabrico de óleos essenciais de citrinos. Na abrasão mecânica, uma máquina retira a casca exterior, que é depois removida por água corrente e introduzida num separador centrífugo. A separação centrífuga é extremamente rápida, mas é de notar que, devido ao facto de o óleo essencial ser combinado com outros conteúdos celulares durante algum tempo, pode ocorrer alguma alteração devido à ação enzimática.

4. EXTRACÇÃO POR SOLVENTES:

Os óleos essenciais também podem ser extraídos utilizando solventes como o éter de petróleo, o metanol, o etanol ou o hexano. Este método é frequentemente utilizado para materiais frágeis, como o jasmim, o jacinto, o narciso e a tuberosa, que não suportariam o calor da destilação a vapor. Um óleo essencial extraído por solvente é muito concentrado e está muito próximo da fragrância natural do material utilizado. Alguns relatórios referem que os óleos essenciais extraídos por este método contêm um resíduo de solvente de 6 a 20%, especialmente quando o benzeno é utilizado como solvente. O benzeno já não é utilizado no método de extração, uma vez que é considerado carcinogénico (formador de cancro). Quando o hexano é utilizado como solvente, o resíduo de solvente desce para cerca de 10 ppm (partes por milhão) e esta é uma concentração extremamente baixa de solvente no produto resultante. Depois de o material vegetal ter sido tratado com o solvente, produz um composto aromático ceroso designado por "betão".

5. MACERAÇÃO: Neste método de extração, as flores são mergulhadas em óleo quente para romper as suas membranas celulares e o óleo quente absorve então a essência. Trata-se de uma técnica muito semelhante à utilizada nas extracções por solventes, em que se utilizam solventes em vez do óleo quente utilizado na maceração. Neste processo, o longo tempo de enfleurage é reduzido pela imersão das pétalas em gordura fundida aquecida a 45°-60° C durante 1 a 2 horas, consoante a espécie vegetal. Após cada imersão, a gordura é filtrada e separada das pétalas. Após 10 a 20 imersões, a gordura é separada das flores residuais e da água. Este método é utilizado principalmente para flores muito delicadas, cujas actividades fisiológicas se perdem rapidamente após a colheita, como o lírio-do-vale.

6. ENFLEURAGE: A enfleurage pode ser comparada à maceração, mas é efectuada de uma forma ligeiramente diferente. Placas de vidro numa moldura (chamada chassis) são cobertas com gordura vegetal ou animal altamente purificada e inodora e as pétalas da matéria botânica que está a ser extraída são espalhadas sobre ela e pressionadas. Normalmente, as flores são colhidas recentemente antes de serem envolvidas no seu leito de gordura. As pétalas permanecem neste composto gorduroso durante alguns dias ou algumas semanas, dependendo do material botânico utilizado, para permitir que a essência se disperse no composto. As pétalas esgotadas são então removidas e substituídas por uma nova colheita de pétalas. Este processo é repetido até que a mistura gordurosa esteja saturada com a essência. Quando a mistura atinge o ponto de saturação, as flores são retiradas e a pomada de enfleurage (a gordura e o óleo perfumado) é então lavada com álcool para separar o extrato da gordura restante, que é depois utilizada para fazer sabão. Logo que o álcool se evapora da mistura, o óleo essencial é deixado para trás. Trata-se de um método de extração muito dispendioso e trabalhoso, que hoje em dia só é utilizado para extrair o óleo essencial das tuberosas e do jasmim.

7. DIOXIDO DE CARBONO HIPERCRÍTICO CO$_2$: A utilização de extração de dióxido de carbono hipercrítico é um método recente de extração de óleos essenciais de material botânico. Embora seja um método caro, produz óleos de boa qualidade. O dióxido de carbono torna-se hipercrítico a 33^0 C, que é um estado em que não é realmente gás ou líquido, mas tem qualidades de ambos, e é um excelente solvente para utilizar na extração de óleos essenciais, devido à baixa temperatura necessária e ao facto de o processo ser quase instantâneo. O dióxido de carbono é inerte e, portanto, não interage quimicamente com a essência que está a ser extraída. O solvente de dióxido de carbono é removido através da alteração da pressão a que é mantido. Este processo realiza-se numa câmara fechada, uma vez que a pressão hipercrítica necessária para o dióxido de carbono é de 200 atmosferas.

8. MÉTODO FLORASOLS\PHYTOLS: O processo Phytonic é um dos mais recentes métodos de extração de óleos essenciais usando não-CFCs (não-clorofluorocarbonos). É também chamado de Extração Florasol. Este método utiliza um novo tipo de solventes gasosos benignos como o florasol. A extração ocorre à temperatura ambiente ou abaixo dela, pelo que não há degradação térmica dos produtos. O processo de extração utiliza a seletividade do solvente e produz um óleo claro, de fluxo livre, isento de ceras. O óleo extraído por este método é designado por fitóis.

9. FREEZE DISTILLATION: Existe um método de extração por solvente que pode ser feito em casa para extrair óleo. O óleo extraído não seria considerado um óleo essencial ou absoluto de grau terapêutico ou médico, mas é considerado óleo alquímico. O processo utiliza geralmente álcool etílico não desnaturado ou álcool de cereais de muito alta qualidade. O material vegetal é macerado em álcool durante algum tempo e depois o material vegetal é coado. O álcool é então colocado num ambiente abaixo do ponto de congelação. O óleo congela em cima do álcool, que não congela, e pode então ser extraído. Este método é muito bom para materiais delicados que arderão antes de a destilação a vapor libertar os óleos, como o jasmim.

CAPÍTULO 3. ANÁLISE DOS ÓLEOS ESSENCIAIS

É um facto bem conhecido que a composição do óleo essencial é representada principalmente por terpenos, para além de outros compostos. Os terpenos incluem monoterpenos, sesquiterpenos e os seus derivados oxigenados. Além disso, estão também presentes aldeídos alifáticos, álcoois, ésteres e éteres de fenol. Os terpenos são as classes mais variadas estruturalmente de produtos naturais vegetais que derivam da fusão repetitiva de unidades ramificadas de cinco carbonos conhecidas como unidades de isopreno (Croteau et al. 2000). Os métodos analíticos aplicados na caraterização de óleos essenciais dependem principalmente do número de espécies moleculares. Além disso, o perfil químico do óleo essencial está intimamente relacionado com o processo de extração utilizado. Por conseguinte, a escolha do método de extração adequado torna-se crucial. A maioria dos métodos aplicados na análise de óleos essenciais baseia-se em procedimentos cromatográficos. Estes métodos permitem a separação e identificação dos componentes (Zellner et al. 2006). O método mais frequente aplicado à análise de óleos essenciais é a Cromatografia Líquida Gasosa (GLC). Nesta técnica, detectores como o Detetor de Ionização de Chama (FID), o Detetor de Condutividade Térmica (TCD) e outros podem ser utilizados para a análise de óleos essenciais. Outra técnica para a análise e identificação de óleos essenciais é a cromatografia gasosa-espetrometria de massa (GC-MS). Este é o método mais comum, simples e fácil de identificação por comparação dos espectros de massa desconhecidos do óleo essencial com os identificados na biblioteca MS de referência (Zellner et al. 2010).

A cromatografia gasosa (CG) é um tipo de cromatografia em que a fase móvel é um gás de arrastamento, geralmente um gás inerte como o hélio ou um gás não reativo como o azoto, e a fase estacionária é uma camada microscópica de líquido ou polímero num suporte sólido inerte, no interior de uma coluna de vidro ou metal. A coluna capilar contém uma fase estacionária, um suporte sólido fino revestido com um líquido não volátil. A amostra é varrida através da coluna por uma corrente de gás hélio. Os componentes de uma amostra são separados uns dos outros porque alguns demoram mais tempo a passar pela coluna do que outros. A espetrometria de massa (MS) envolve o detetor para o GC chamado espetrómetro de massa (MS). À medida que a amostra sai do fim da coluna de GC, é fragmentada por ionização e os fragmentos são ordenados por massa para formar um padrão de fragmentação. Tal como o tempo de retenção (RT), o padrão de fragmentação para um determinado componente da amostra é único e, por conseguinte, é uma caraterística de identificação desse componente. É tão específico que é frequentemente referido como a impressão digital molecular. A CG pode separar compostos voláteis e semi-voláteis com grande resolução, mas não os pode identificar. A MS pode fornecer informações estruturais pormenorizadas sobre a maioria dos compostos, permitindo a sua identificação exacta, mas não pode separá-los facilmente. A cromatografia gasosa-espetrometria de massa (GC-MS) é um método analítico que combina as características da cromatografia gás-líquido e da espetrometria de massa para identificar diferentes substâncias numa amostra de ensaio.

Cromatografia gasosa: O equipamento utilizado para a cromatografia gasosa consiste geralmente num orifício de injeção numa extremidade de uma coluna metálica cheia de material de substrato e um detetor na outra extremidade da coluna. Um gás de transporte impulsiona a amostra pela coluna. O analista utiliza medidores de caudal e manómetros para manter um fluxo de gás constante. Um gás que não reaja com a amostra ou com a coluna é essencial para obter resultados fiáveis. Por esta razão, os gases de transporte são normalmente árgon, hélio, hidrogénio, azoto ou hidrogénio. Muitos analistas utilizam o hélio porque não reage. O hidrogénio é normalmente um bom gás de transporte, mas pode reagir e converter a amostra noutra substância.

A amostra é injectada na porta de injeção do dispositivo de GC. O instrumento GC vaporiza a amostra e, em seguida, separa e analisa os vários componentes. Cada componente produz um pico espetral específico que pode ser registado num gráfico em papel ou eletronicamente. A porta de injeção é mantida a uma temperatura a que a amostra se vaporiza imediatamente. A amostra espalha-se uniformemente ao longo da secção transversal da coluna, formando um tampão. A coluna é um tubo metálico, frequentemente preenchido com um material semelhante a areia para promover a separação máxima. À medida que a amostra se move através da coluna, as diferentes características moleculares determinam a forma como cada substância da amostra interage com a superfície da coluna e o seu enchimento. A coluna permite que as várias substâncias se dividam. As substâncias que não gostam de aderir à coluna ou ao enchimento são impedidas, mas acabam por eluir da coluna. A temperatura da porta de injeção do GC deve ser suficientemente elevada para vaporizar instantaneamente uma amostra líquida. Se a temperatura for demasiado baixa, a separação é fraca e devem surgir picos espectrais largos ou não se desenvolve qualquer pico. Se a temperatura de injeção for demasiado elevada, a amostra pode decompor-se ou alterar a sua estrutura. Se tal ocorrer, os resultados da CG indicarão a presença de compostos que não se encontravam na amostra original.

O analista deve injetar o provete no septo de forma rápida e suave para obter uma boa separação dos componentes do provete. Se o analista injetar o provete demasiado lentamente, o pico pode ser largo ou sobrepor-se. Um pico duplo pode resultar da hesitação do analista durante a injeção. Uma injeção efectuada suavemente, sem mudanças bruscas, deve resultar num pico formado suavemente. Um pico duplo pode também indicar que o analista injectou dois espécimes consecutivamente. Todos os componentes de um espécime eluem completamente da coluna de GC. Se alguma substância permanecer no interior da coluna, pode ser eluída durante análises subsequentes com outros espécimes. Isto pode dar origem a um pico inesperado no resultado. O pico produzido deve ser largo.

Os vários componentes da amostra separam-se antes de serem eluídos da extremidade da coluna. O instrumento GC utiliza um detetor para medir os diferentes compostos à medida que saem da coluna. Entre os detectores disponíveis encontram-se o detetor de ionização de árgon, o detetor de ionização de chama, o detetor de emissão de chama, o detetor de secção transversal, o detetor de condutividade térmica e o detetor de captura de electrões. A escolha do detetor adequado depende da utilização. Algumas considerações são que os detectores de chama destroem a amostra, o detetor de condutividade térmica é universalmente sensível e o detetor de ionização de árgon requer árgon como gás de transporte. A saída espetral é normalmente armazenada eletronicamente e apresentada num monitor. O técnico pode produzir uma cópia impressa do registo. O detetor de ionização de árgon não detecta água, tetracloreto de carbono, azoto, oxigénio, dióxido de carbono, monóxido de carbono, etano ou compostos que contenham flúor. O detetor de ionização por chama não reage à água, azoto, oxigénio, dióxido de carbono, monóxido de carbono, hélio ou árgon. Se uma amostra contiver água, deve ser utilizado um detetor de ionização por chama. O detetor de captura de electrões não consegue detetar hidrocarbonetos simples, mas detecta compostos que contenham halogenetos, azoto ou fósforo. O tempo durante o qual um composto é retido na coluna de GC é conhecido como tempo de retenção. Em alternativa, o tempo decorrido entre a injeção e a eluição é designado por tempo de retenção. O analista deve medir o tempo de retenção desde a injeção da amostra até o composto ser eluído da coluna. O tempo de retenção pode ajudar a diferenciar alguns compostos. No entanto, o tempo de retenção não é um fator fiável para determinar a identidade de um composto. Se duas amostras não tiverem tempos de retenção iguais, essas amostras não são a mesma substância. No entanto, tempos de retenção idênticos para duas amostras indicam apenas a possibilidade de as amostras serem a mesma substância.

O tamanho dos picos é proporcional à quantidade das substâncias correspondentes na amostra analisada. O pico é medido desde a linha de base até à ponta do pico. Uma mistura de substâncias químicas presentes numa amostra de óleo essencial pode ser separada na coluna de GC. Algumas características químicas e físicas das moléculas fazem com que estas viajem através da coluna a diferentes velocidades. Se a molécula tiver pouca massa, pode deslocar-se mais rapidamente. Além disso, a forma da molécula pode afetar o tempo necessário para sair da coluna. As interacções entre a molécula da amostra e a superfície da coluna podem fazer com que a molécula fique retida na coluna durante um período de tempo diferente do de moléculas semelhantes que interagem com a coluna de forma diferente.

Espectrometria de massa (MS): A MS identifica substâncias carregando eletricamente as moléculas da amostra, acelerando-as através de um campo magnético, quebrando as moléculas em fragmentos carregados e detectando as diferentes cargas. Um gráfico espetral mostra a massa de cada fragmento.

É possível utilizar o espetro de massa de um composto para identificação qualitativa. O analista utiliza estas massas de fragmentos como peças de um puzzle para juntar a massa da molécula original, a massa parental. A massa parental é análoga à imagem no topo de uma caixa de puzzles, um guia para o resultado final obtido ao juntar as massas dos fragmentos ou peças do puzzle. A partir da massa molecular e da massa dos fragmentos, os dados de referência são comparados para determinar a identidade da amostra. O espetro de massa de cada substância é único. Desde que a interpretação dos resultados determine corretamente a massa original, a identificação por EM é conclusiva. Atualmente, existem muitos tipos diferentes de instrumentos de EM, cada um deles utilizando um aparelho e um processo diferentes para produzir espectros de massa. Um grande espetrómetro de massa convencional contém uma entrada de amostra, uma fonte de ionização, um acelerador de moléculas e um detetor.

A análise MS requer uma amostra gasosa pura. A entrada da amostra é mantida a uma temperatura elevada, até 400° C (752° F), para garantir que a amostra se transforma num gás. Em seguida, a amostra entra na câmara de ionização. Um feixe de electrões é acelerado com uma tensão elevada. As moléculas da amostra são quebradas em fragmentos bem definidos após a colisão com os electrões de alta tensão. Cada fragmento é carregado e viaja para o acelerador como uma partícula individual. Na câmara de aceleração, a velocidade da partícula carregada aumenta devido à influência de uma tensão de aceleração. Para um valor de tensão, apenas uma massa acelera o suficiente para atingir o detetor. A tensão de aceleração varia para cobrir uma gama de massas, de modo a que todos os fragmentos atinjam o detetor. As partículas carregadas percorrem uma trajetória curva em direção ao detetor. Quando uma partícula carregada individual colide com a superfície do detetor, são emitidos vários electrões a partir da superfície do detetor. Estes electrões aceleram em direção a uma segunda superfície, gerando mais electrões, que bombardeiam outra superfície. Cada eletrão tem uma carga. Eventualmente, múltiplas colisões com múltiplas superfícies geram milhares de electrões que emitem a partir da última superfície. O resultado é uma amplificação da carga original através de uma cascata de electrões que chegam ao coletor. Nesta altura, o instrumento mede a carga e regista a massa do fragmento, uma vez que a massa é proporcional à carga detectada.

O instrumento MS produz o resultado desenhando uma série de picos num gráfico chamado espetro de massa. Cada pico representa um valor para a massa de um fragmento. A altura de um pico aumenta com o número de fragmentos detectados com uma determinada massa. Tal como no caso dos detectores de CG, a altura de um pico pode variar em função da sensibilidade do detetor utilizado. Cada substância tem um espetro de massa caraterístico em condições controladas específicas. É possível identificar uma amostra comparando o espetro de massa da amostra com compostos conhecidos. A análise quantitativa é possível através da medição das intensidades relativas dos espectros de massa. Normalmente, um espetro de massa apresenta um pico para a molécula não fragmentada da amostra. Esta é normalmente a maior massa detectada, designada por massa-mãe. Tal como na imagem de um puzzle, a massa-mãe é utilizada para encaixar as peças dos outros picos do espetro de massa. A massa-mãe revela a massa da molécula, enquanto os outros picos indicam a estrutura da molécula.

Determinar o pico principal e, consequentemente, a massa molecular da amostra é a parte mais difícil da análise por EM. Partindo do princípio de que um analista consegue determinar corretamente a massa molecular, o técnico faz uma estimativa da identidade da amostra e compara o espetro de massa com espectros de referência para confirmação. Os espectros de massa para moléculas maiores que contêm carbono são complicados e requerem cálculos fastidiosos que estão sujeitos a erros. Os computadores são normalmente utilizados para a análise espetral.

A resolução é um valor que representa a capacidade do instrumento para distinguir duas partículas de massas diferentes. Quanto maior for a resolução do instrumento de EM, maior será a sua utilidade para a análise. Um instrumento MS fornece resultados mais exactos para moléculas maiores quando o instrumento tem uma resolução elevada. Um instrumento de MS de alta resolução é aconselhável para analisar fluidos corporais, uma vez que estes têm massas moleculares elevadas. Um instrumento MS de baixa resolução pode não caraterizar suficientemente uma substância de grande massa.

A GC-MS é uma combinação de duas técnicas analíticas diferentes, a cromatografia gasosa (GC) e a espetrometria de massa (MS), e é utilizada para analisar misturas orgânicas e bioquímicas complexas, incluindo óleos essenciais. O instrumento GC-MS é constituído por dois componentes principais. A parte da cromatografia gasosa separa os diferentes compostos da amostra em impulsos de substâncias químicas puras com base na sua volatilidade, fazendo fluir um gás inerte (fase móvel), que transporta a amostra, através de uma fase estacionária fixada na coluna. Os espectros dos compostos são recolhidos à saída da coluna cromatográfica pelo espetrómetro de massa, que identifica e quantifica os produtos químicos de acordo com a sua razão massa/carga (m/z). Estes espectros podem então ser armazenados no computador e analisados.

As amostras de óleos essenciais são introduzidas como um tampão de vapor. As amostras líquidas são introduzidas utilizando micro-seringas calibradas para injetar a amostra através de um septo e num orifício de amostra aquecido que deve estar cerca de 50°C acima do ponto de ebulição do constituinte menos volátil da amostra. Após a introdução da amostra, esta é transportada para a coluna pela fase móvel. A temperatura da coluna é uma variável importante, pelo que a estufa está equipada com um termóstato que controla a temperatura até algumas décimas de grau. O ponto de ebulição da amostra e a quantidade de separação necessária determinam a temperatura a que a amostra deve ser submetida. À medida que a fase móvel que transporta a amostra é passada através da fase estacionária na coluna, os diferentes componentes da amostra são separados. Após a separação, a amostra passa por um detetor, que ioniza a amostra e separa os iões com base na sua relação massa/carga. Estes dados são então enviados para um computador para serem visualizados e analisados. O computador ligado ao GC-MS tem uma biblioteca de amostras para ajudar na análise destes dados. Os dados do GC-MS são apresentados de várias formas. Uma delas é um cromatograma de iões totais, que soma as abundâncias totais de iões em cada espetro e as representa em função do tempo. Outra é o espetro de massa num determinado momento do cromatograma para identificar o componente específico que foi eluído nesse momento. Podem também ser utilizados espectros de massa de iões seleccionados com uma relação massa/carga específica, designados por cromatograma de massa.

CAPÍTULO 4. COMPOSIÇÃO QUÍMICA DOS ÓLEOS ESSENCIAIS

Os óleos essenciais são misturas altamente complexas de compostos voláteis e podem conter cerca de 20 a 60 compostos individuais em diferentes concentrações. Cada óleo essencial é caracterizado por dois ou três componentes principais presentes em concentrações relativamente elevadas (20 a 70%) em comparação com outros componentes presentes em quantidades vestigiais. Geralmente, estes componentes principais determinam as propriedades biológicas dos óleos essenciais. Por exemplo, o carvacrol (30%) e o timol (27%) são os componentes principais do óleo essencial de *Origanum compactum*, o linalol (68%) do óleo essencial de *Coriandrum sativum*, o 1,8-cineol (50%) do óleo essencial de *Cinnamomum camphora*, felandreno (36%) e limoneno (31%) no óleo essencial de folhas de *Anethum graveolens* e carvona (58%) e limoneno (37%) no óleo essencial de sementes de *Anethum graveolens*, mentol (59%) e mentona (19%) no óleo essencial de *Mentha piperita*. A fragrância e a composição química dos óleos essenciais podem variar de acordo com a localização geoclimática e as condições de cultivo (tipo de solo, clima, altitude e quantidade de água disponível), a estação do ano (antes ou depois da floração), a hora do dia em que a colheita é efectuada, a composição genética da planta, etc. (Sangwan et al., 2001; Pengelly, 2004; Andrade et al., 2011). Por conseguinte, todos estes factores influenciam a síntese bioquímica dos óleos essenciais numa determinada planta. Assim, a mesma espécie de planta pode produzir um óleo essencial semelhante, porém, com composição química diferente, resultando em diferentes atividades biológicas. Os componentes do óleo essencial podem ser classificados em dois grupos: a fração volátil e o resíduo não volátil:

Fracções voláteis: Constituem 90-95% do óleo. Incluem monoterpenos e sesquiterpenos, bem como os seus derivados oxigenados, juntamente com aldeídos alifáticos, álcoois e ésteres.

Resíduos não voláteis: Representam 1-10% do óleo. Incluem hidrocarbonetos, ácidos gordos, esteróis, carotenóides, ceras e flavonóides.

QUADRO 3. DIFERENTES CLASSES DE COMPOSTOS DE ÓLEOS ESSENCIAIS

Class of compounds	Example
Hydrocarbons	Limonene, Myrcene, Pinene, Sabinene, Cymene, Myrcene, Phellandrene, Thujane, Fenchene, Farnesene, Cadinene, α-Terpinene, β-Terpinene, γ-Terpinene, δ-Terpinene, α-Thujene, Germacrene A, Germacrene B, Germacrene C, Germacrene D, α-Terpinolene
Esters	Linalyl acetate, Geraniol acetate, Eugenol acetate, Bornyl acetate
Oxides	Bisabolone oxide, Linalool oxide, Sclareol oxide, Ascaridole
Lactones	Nepetalactone, Bergaptene, Costuslactone, Dihydronepetalactone, Alantrolactone
Alcohols	Linalol, Menthol, Borneol, Santalol, Nerol, Citronellol, Geraniol, Eucalyptol
Phenols	Thymol, Eugenol, Carvacrol, Chavicol
Aldehydes	Citral, Myrtenal, Cuminaldehyde, Citronellal, Cinnamaldehyde, Benzaldehyde
Ketones	Carvone, Menthone, Pulegone, Fenchone, Camphor, Thujone, Verbenone

The major volatile constituents are hydrocarbons (e.g. pinene, limonene, bisabolene), alcohols (e.g. linalol, santalol), acids (e.g. benzoic acid, geranic acid), aldehydes (e.g. citral), cyclic aldehydes (e.cuminal), cetonas (por exemplo, cânfora), lactonas (por exemplo, bergapteno), fenóis (por exemplo, eugenol), éteres fenólicos (por exemplo, anetol), óxidos (por exemplo, 1,8 cineol) e ésteres (por exemplo, acetato de geranilo).

Os componentes dos óleos essenciais podem também ser subdivididos em dois grupos distintos de constituintes químicos: os hidrocarbonetos, constituídos quase exclusivamente por terpenos (monoterpenos, sesquiterpenos e diterpenos) e os compostos oxigenados, que são principalmente ésteres, aldeídos, cetonas, álcoois, fenóis e óxidos (Quadro 3 e Quadro 4).

Terpenos: A maioria dos componentes do óleo essencial são terpenos. Estes contêm apenas hidrogénio e carbono. São constituídos por uma ou mais unidades 5-C, isopreno. Estes são classificados em hemiterpenos (C_5), monoterpenos (C_{10}) e sesquiterpenos (C_{15}), diterpenos (C_{20}), triterpenos (C_{30}) e tetraterpenos (C_{40}). Estes hidrocarbonetos podem ser acíclicos, alicíclicos (monocíclicos, bicíclicos ou tricíclicos) ou aromáticos.

$$CH_2 = C - CH - CH_3$$
$$|$$
$$CH_3$$

Isoperene unit

Os monoterpenos (C_{10}) são formados pelo acoplamento de duas unidades de isopreno (C_5). São as moléculas mais representativas, constituindo 90% dos óleos essenciais. Apresentam uma grande variedade de estruturas. O limoneno, o mirceno, o p-mentano, o sabineno, o cimeno, o felandreno, o tujano, o fenchano, o farneseno, o azuleno e o cadineno são exemplos desta família (Fig. 2).

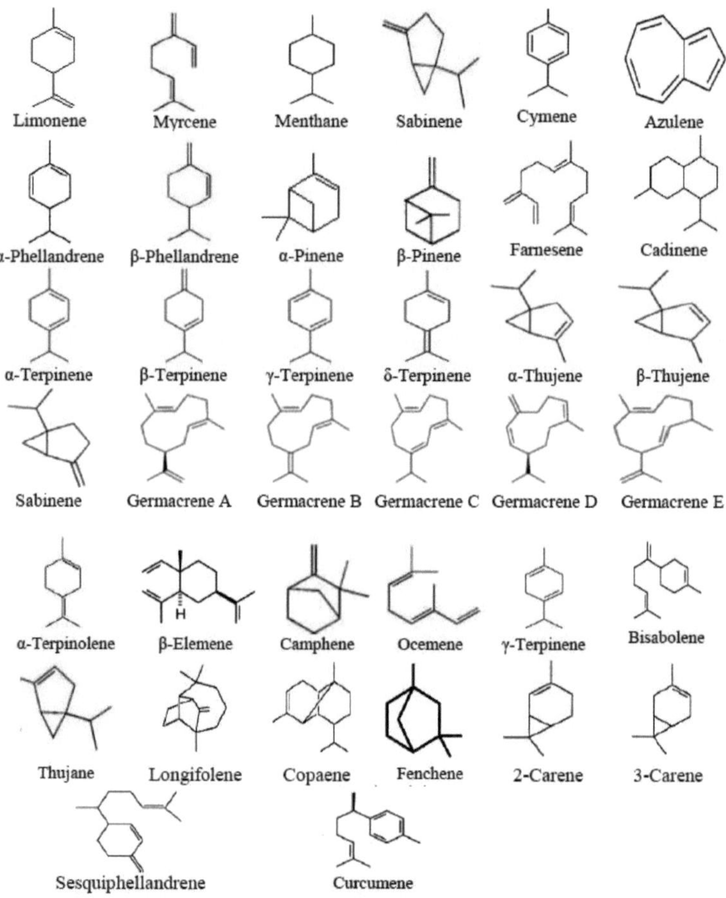

FIG. 3. TERPENOS COMUNS DOS ÓLEOS ESSENCIAIS

Ésteres: Estes têm um cheiro doce e dão um cheiro agradável aos óleos. São formados pela reação de um álcool com um ácido. Os ésteres são muito comuns e encontram-se num grande número de óleos essenciais. Estes incluem o acetato de linalilo, o acetato de geraniol, o acetato de eugenol, o acetato de bornilo, o acetato de citronelilo, o acetato de nerilo, etc. (Fig. 2).

26

FIG. 4. ÉSTERES COMUNS DE ÓLEOS ESSENCIAIS

Óxidos: Os óxidos ou éteres cíclicos são os odorantes mais fortes. O óxido mais conhecido é o 1,8-cineol, pois é o constituinte mais omnipresente nos óleos essenciais. Outros exemplos de óxidos são o óxido de bisabolona, o óxido de linalol, o óxido de esclareol, o ascaridol, o óxido de cariofileno, o óxido de cis-piperitona, o óxido de aromadendreno e o óxido de bisaboleno (Fig. 4).

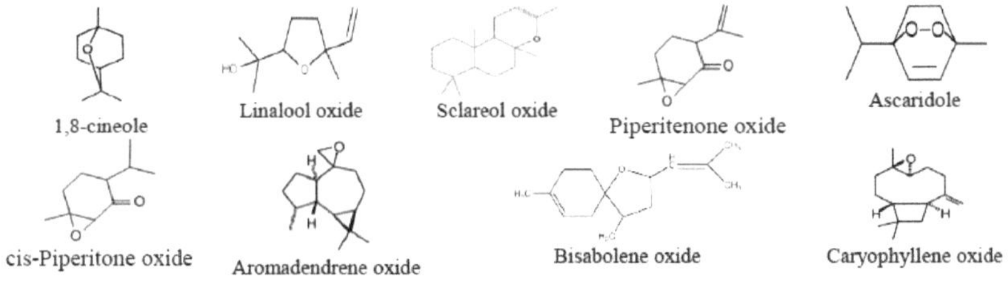

FIG. 5. ÓXIDOS COMUNS DE ÓLEOS ESSENCIAIS

Lactonas: São componentes de peso molecular relativamente elevado. Algumas lactonas comuns são a nepetalactona, o bergapteno, a costuslactona, a dihidronepetalactona, a alantolactona, o citropteno e o psoraleno (Fig. 5).

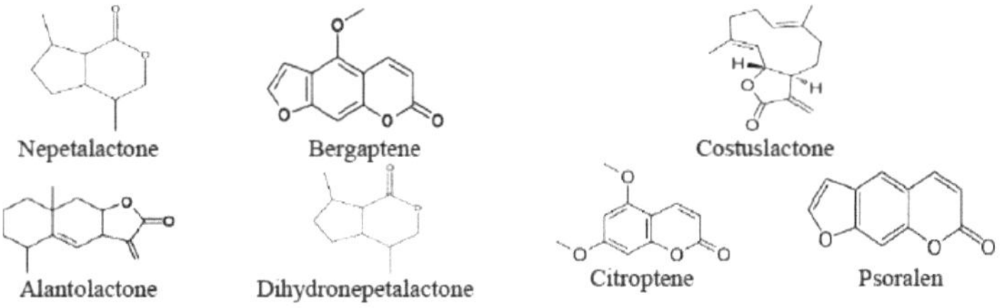

FIG. 6. LACTONAS COMUNS DOS ÓLEOS ESSENCIAIS

Álcoois: O linalol, o mentol, o borneol, o santalol, o nerol, o citronelol, o bisabolol, o eucaliptol, o trans-carveol, o dihidrocarveol, o α-cadinol, o δ-cadoniol, o τ-cadinol, o elemeol, o nerol e o geraniol são os álcoois comuns dos óleos essenciais (Fig. 6).

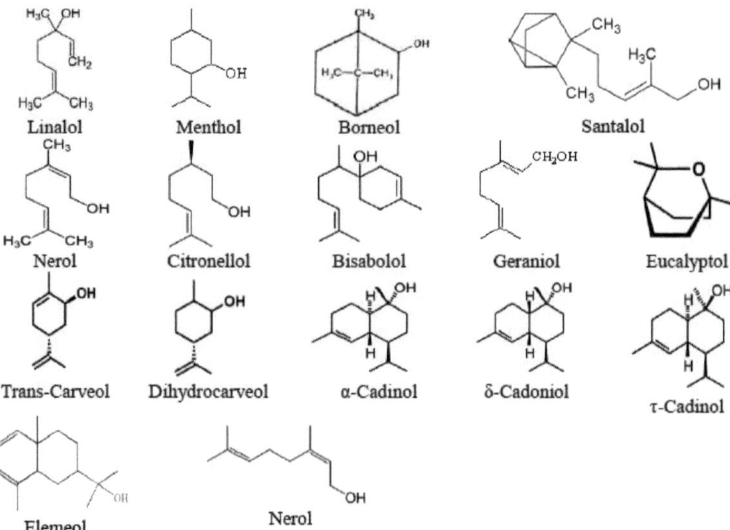

FIG. 7. ÁLCOOIS COMUNS DOS ÓLEOS ESSENCIAIS

Fenóis: Estas moléculas contendo oxigénio são responsáveis pela fragrância do azeite. Estes componentes aromáticos estão entre os componentes mais reactivos e encontram-se frequentemente sob a forma de cristais à temperatura ambiente. Os fenóis mais comuns são o timol, o eugenol, o carvacrol, o álcool cúmico, o α-terpineol, o safrol, o verbenol e o chavicol (Fig. 7).

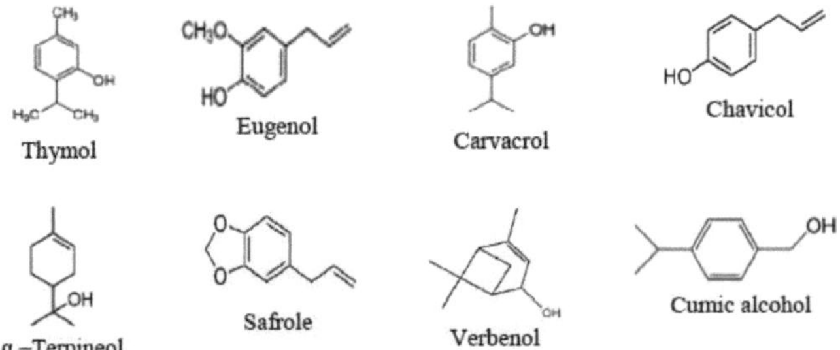

FIG. 8. FENÓIS COMUNS DOS ÓLEOS ESSENCIAIS

Aldeídos: São altamente reactivos e caracterizados pelo grupo -CHO. São componentes comuns do óleo essencial que são instáveis e oxidam facilmente. O geranial, o neral, o mirtenal, o cuminaldeído, o citronelal, o cinamaldeído, o benzaldeído e o citral são aldeídos comuns dos óleos essenciais (Fig. 8).

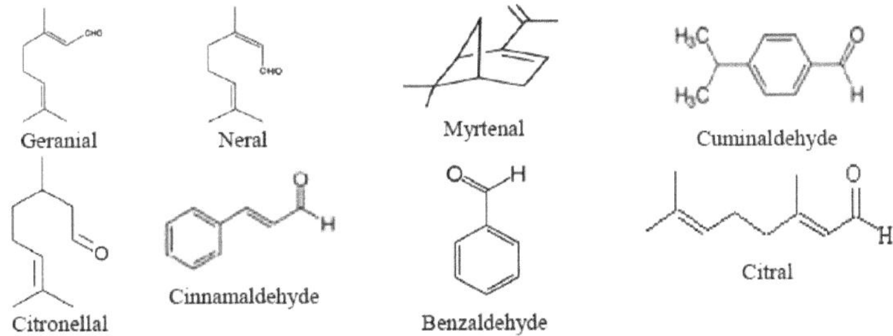

FIG. 9. ALDEÍDOS COMUNS DOS ÓLEOS ESSENCIAIS

Cetonas: São caracterizadas pelo grupo -C=O. Não são muito comuns na maioria dos óleos essenciais. São moléculas relativamente estáveis e não são importantes como fragrâncias ou substâncias aromatizantes. A carvona, a mentona, a pulegona, a fenchona, a cânfora, a jasmona, a tujona, a metil nonil cetona, a pinocamona e a verbenona são cetonas comuns dos óleos essenciais (Fig. 9).

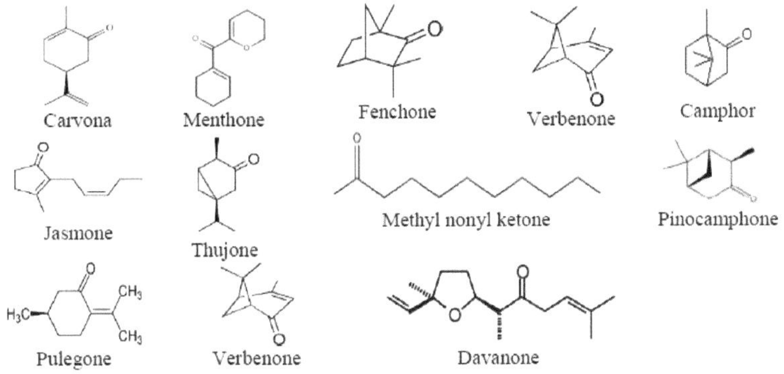

FIG. 10. CETONAS COMUNS DOS ÓLEOS ESSENCIAIS

PROPRIEDADES FÍSICAS DOS ÓLEOS ESSENCIAIS:

1. Os óleos essenciais são voláteis e tornam-se líquidos à temperatura ambiente.

2. Quando destilados, são inicialmente incolores ou ligeiramente amarelados.

3. São menos densos do que a água (os óleos de sassafrás e de cravinho são exceções).

4. São sempre rotativos e com um índice refratário elevado.

5. São solúveis em álcool e noutros solventes orgânicos, como a acetona, o éter ou o clorofórmio.

6. São lipossolúveis e pouco solúveis em água.

QUADRO. 4. PRINCIPAIS COMPONENTES QUÍMICOS DOS ÓLEOS ESSENCIAIS DERIVADOS DE PLANTAS

Plant species	Main Components	Reference
Commiphora molmol	Lindestrene, furanoeudesma-1,3-diene, Furanoeudesma-1,4-diene-6-one	Brieskorn and Noble 1983
Tagetes minuta	β-Phelandrene, Limonene, β-Ocimene, Dihydrotagetone, Tagetone, cis-Tagetenone, trans-Tagetenone	Zygadlo 1994
Cinnamomum zeylanicum	δ-Cadinene, γ-Cadinene, β-Caryophyllene	Paranagama et al. 2001
Commiphora guidottii	(E)-β-Ocimene	Başer et al. 2003
Boswellia rivae	Limonene	Başer et al. 2003
Boswellia pirotta	trans-Verbenol,Terpinen-4-ol	Başer et al. 2003
Boswellia neglecta	α-Thujene, α-Pinene, Terpinen-4-ol	Başer et al. 2003
Canarium luzonicum	α-Amyrin, β-Amyrin	Cruz-Cañizares et al. 2005
Commiphora africana	Bisabolol, β-Sesquiphellandrene, α-Oxobisabolene, γ-Bisabolene	Ayédoun et al. 1998; Avlessi et al. 2005
Protium pilosum	α-Pinene, p-Cymene, α-Phellandrene	Zoghbi et al. 2005
Commiphora myrrha	Isofuranogermacrene, Lindestrene, Furanoeudesma-1,3-diene, Furanodiene, Curzerene, Germacrone	Maradufu and Warthen 1988, Başer et al. 2003, Marongiu et al. 2005
Protium heptaphyllum	Terpinolene, β-Elemene, β-Caryophyllene, α-Pinene, Limonene, α-Phellandrene, β-Elemene	Zoghbi et al. 1995; Bandeira et al. 2001; Zoghbi et al. 2005
Ocimum basilicum	1,8-Cineole, Linalool, Estragole, α-Terpineol, α-Bergamotene	Politeo et al. 2006
Laurus nobilis	1,8-Cineole, Linalool, α-Terpinyl acetate, Methyl eugenol, Eugenol	Politeo et al. 2006
Coriandrum sativum	Linalool, Geraniol, α-Pinene	Politeo et al. 2006
Myristica fragrans	Sabinene, α-Pinene, β-Pinene, Terpinen-4-ol, Safrole	Politeo et al. 2006
Piper nigrum	Caryophyllene, Sabinene, Limonene, Germacrene B, α-Pinene, α-Humulene	Politeo et al. 2006
Mentha piperita	Neomenthol, Isomenthone, 1,8-Cineole, Menth-8-ene, Neoisomenthol	Politeo et al. 2006
Marjorana hortensis	Terpinen-4-ol, γ-Terpinene, α-Terpinene, Sabinene, α-Terpineol	Politeo et al. 2006
Foeniculum vulgare	trans-Anethole, Fenchone, Estragole,	Politeo et al. 2006
Canarium album	β-Pinene, α-Terpinene, γ-Terpinene, Terpinen-4-ol	Giang et al. 2006
Thymus vulgaris	α-Pinene, p-Cymene, Limonene, γ-Terpinene, cis-Sabinene hydrate, Linalool, Terpinen-4-ol	Viuda-Martos et al. 2007
Salvia officinalis	Camphor, 1,8-Cineole, α-Pinene, β-Pinene Camphene, α-Terpinyl acetate	Viuda-Martos et al. 2007
Syzygium aromaticum	Eugenol, β-Caryophyllene, α-Humulene	Viuda-Martos et al. 2007
Rosmarinus officinalis	α-Pinene, Camphene, 1,8-Cineole, Camphor	Viuda-Martos et al. 2007
Cuminum cyminum	β-Pinene, p-Cymene, γ-Terpinene, Cuminal, 2-Caren-10-al	Viuda-Martos et al. 2007
Artemisia haussknechtii	Camphor, 1,8-Cineole, cis-Davanone, 4-Terpineol, Linalool, β-Fenchyl alcohol, Borneol	Jalali and Serehti 2007
Origanum vulgare	Carvacrol, p-Cymene, Terpinolene	Viuda-Martos et al. 2007
Laurus nobilis	1.8-Cineole, Sabinene, α-Terpinyl acetate, α-	Sangun et al. 2007

	Pinene, a-Phellandrene, trans-b-osimen	
Boswellia carterii	Isoincensole, Verticilla-4(20),7,11-triene, Isoincensole acetate	Camarda et al. 2007
Boswellia papyrifera	Isoincensole, Isoincensole acetate, n-Octanol, n-Octyl acetate	Camarda et al. 2007
Bursera graveolens	Limonene, α-Terpineol	Gary et al. 2007
Bursera simaruba	Limonene, β-Caryophyllene, α-Humulene, Germacrene	Sylvestre et al. 2007
Boswellia serrata	Isoincensole, Isoincensole acetate, α-Thujene, α-Pinene, α-Thujene	Verghese et al. 1987, Kasali et al. 2002, Camarda et al. 2007, Singh et al. 2007
Trachyspermum ammi	Thymol, γ-Terpinene, p-Cymene, β-Pinene	Park et al. 2007
Dacryodes edulis	Sabinene, Terpinene-4-ol, α-Pinene, p-Cymene, Myrcene, β-Caryophyllene, α-Thujene, α-Phellandrene, β-Pinene,	Onocha, 1999, Obame et al. 2008, Koudou et al. 2008
Boswellia sacra	E-β-Ocimene, Limonene, E-Caryophyllene	Harrasi and Saidi 2008
Boswellia ameero	(E)-2,3-Epoxycarene, 1,5-Isopropyl-2-methylbicyclo[3.1.0]hex-3-en-2-ol, α-Cymene, (3E,5E)-2,6-dimethyl-1,3,5,7-octatetraene, 1-(2,4-Dimethylphenyl) ethanol, 3,4-Dimethylstyrene, α-Campholenal, α-Terpineol	Ali et al. 2008
Coriandrum sativum	Linalool, trans-Anethol, c-Terpinene, Geranyl acetate	Knio et al. 2008
Artemisia absinthium	β-Pinene, β-Thujone	Rezaeinodehl and Khangholi 2008
Fragaria vesca	Myrtenol, Citronellol, Linalool, Nonanal	Najda and Dyduch 2009
Bursera microphylla	Caryophyllene, Myrcene	Arthur et al. 2009
Commiphora habessinica	β-Elemene, α-Selinene, Cadina-1,4-diene, Germacrene B, α-Copaene, t-Muurolol, Caryophyllene oxide, α-Cadinol	Ali et al. 2009
Bunium persicum	p-Cuminaldehyde, γ-Terpinen-7-al, p-Cymene, γ-Terpinene	Azizi et al. 2009
Cryptomeria japonica	A-Terpinene, γ-Terpinene, p-Cymine, 3-Carene, Terpinolene, β-Myrcene	Cheng et al. 2009
Cinnamomum aromaticum	Cis-Cinnamaldehyde, Eugenol, α-Cadinol, Caryophyllene, Ledol	Islam et al. 2009
Haplopappus foliosus	Limonene, Bornyl acetate, Terpineol, p-Cymene, Agarospirol, α-Muurolene, δ-Cadinine, Caryophyllene	Urzua et al. 2010
Thymus vulgaris	p-Cymene, γ-Terpinene, Thymol, Carvacrol, E-β-Caryophyllene, Germacrene D, β-Bisabolene	Marzec et al. 2010
Santiria trimera	α-Humulene, β-Caryophyllene, α-Pinene, α-Terpineol, α-Pinene, β-Pinene	Martins et al., 2003, Bikanga et al. 2010
Canarium schweinfurthii	Octyl acetate, Nerolidol, p-Cymene, Limonene, α-Terpineol	Koudou et al. 2005, Michel et al. 2010
Artemisia gorgonum	Camphor, Chrysanthenone, Lavandulyl-Z-methylbutanoate, α-Phellandrene, Camphene, p-Cymene	Ortet et al. 2010
Bahia ambrosoides	Lomonene, α-Pinene, Germacrene D, Sabinene, δ-Thujene, γ-Curcumene, α-Bergamotene	Urzua et al. 2010
Carum carvi	(R)-Carvone, D-Limonene, α-Pinene, cis-Carveol	Fang et al. 2010
Cuminum cyminum	Caryophyllene oxide, α-Pinene, Geranyl acetate, α-Caryophyllene	Romeilah et al. 2010

Prangos acaulis	δ-3-Carene, α-Terpinolene, α-Pinene, Limonene	Meshkatalsadat et al. 2010
Foeniculum vulare	Methyl chavicol, α-Phellandrene, Fenchone	Conti et al. 2010
Carum copticum	Thymol, Terpinolene,o-Cymene	Oskuee et al. 2011
Zanthoxylum monophyllum	Sabinene, 1,8-Cineole, cis-4-Thujanol	Prieto et al. 2011
Zanthoxylum rhoifolium	β-Myrcene, β- Phellandrene, Germacrene D	Prieto et al. 2011
Zanthoxylum fagara	Germacrene D-4-ol, Elemol, α-Cadinol	Prieto et al. 2011
Artemisia annua	Camphor, 1,8-Cineole, Linalool, β-Caryophyllene, (E)-β-Farnese, Germacrene D	Padalia et al. 2011
Schinus molle	α-Pinene, β-Pinene, Limonene, α-Ocimene, Germacrene D, γ-Cadinene, δ-Cadinene, Epi-bicyclosesquiphelandrene	Barroso et al. 2011
Myristica fragrans	α-Pinene, Sabinene, β-Pinene, Myrcene, Limonene, Terpine-4-ol, Safrole, Myristicin	Pal et al. 2011
Boswellia socotrana	(E)-2,3-Epoxycarene, 1,5-Isopropyl-2-methylbicyclo[3.1.0]hex-3-en-2-ol, α-Cymene, (3E,5E)-2,6-dimethyl-1,3,5,7-octatetraene, 1-(2,4-Dimethylphenyl)ethanol, 3,4-Dimethylstyrene, α-Campholenal, α-Terpineol, p-Cymene, 2-Hydroxy-5-methoxyacetophenone, Camphor	Ali et al. 2008; Mothana et al. 2011
Ammi visnaga	Isobutyrate, 2,2-Dimethylbutanoic acid, Croweacin, Linalool	Khalfallah et al. 2011
Angelica dahurica	3-Carene, β-Elemene, β-Terpinene, β-Myrcene	Zhao et al. 2011
Eucalyptus bicostata, E. cinerea, E. maidenii, E. odorata, E. sideroxylon, E. astringens, E. lahmannii	α-Pinene, p-Cymene 1.8-Cineole, Limonene, β-Eudesmol, α-Eudesmol, α-Terpineol, Pinocarveol, γ-Terpinene, Globulol	Elaissi et al. 2012
Smyrnium rotundifolium	Myrcene, Furanodiene, Germacrone, α-Selinene	Evergetis et al. 2012
Artemesia judaica	Piperitone, Camphor, Ethyl-cinnamate	Abd-Elhady 2012
Cydonia Oblonga	Benzaldehyde, Hexadecanoic acid, Linalool, norisoprenoid [(E)-β-Ionone, Germacrene D	Erdoğan et al. 2012
Cupressus sempervirens	α-Pinene, δ-3-Carene, Limonene, α-Terpinolene	Boukhris et al. 2012
Angelica sylvestris	β-Phellandrene, α-Pinene, Myrcene, Germacrene D	Evergetis et al. 2012
Apium graveolens	(Z)-3-Butylidenephthalide, 3-Butyl-4,5-dihydrophthalide, α-Thujene	Sellamia et al. 2012
Azorella cryptantha	α-Pinene, α-Thujene, Sabinene, δ-Cadinene	López et al. 2012
Thamnosciadium junceum	Limonene,, cis-Ocimene, Terpinolene, trans-Isomirticisin	Evergetis et al. 2012
Protium icicariba	p-Cymene, α-Pinene, α-Terpinolene, Limonene, α-Copaene, γ-Elemene, δ-Cadinene	Siani et al. 2004; Carvalho et al. 2013
Cedrelopsis grevei	(E)-β-Farnesene, δ-Cadinene, α-Copaene, β-Elemene,	Afoulous et al. 2013
Pimpinella anisum	Camphène, Limonene, Fenchone, 4-Allylanisole, Anethole	Al Maofari et al. 2013
Azadirachta indica	β-Elemene, γ- Elemene, Germacrene D, β-Caryophyllene, Bicyclogermacrene, Pentacosane, Tetracosane, β-Germacrene, Dodecene octadecanol, Verdiflorol, Farnesol, α–Terpineol	El-Hawary et al. 2013
Protium crassipetalum	α-Copaene, Spathulenol, trans-Caryophyllene	Carvalho et al. 2013

Aucoumea klaineana	α-Pinene, β-Pinene, α-Phellandrene, β-Phellandrene, p-Cymene, 1,8-Cineole, p-Acetyl anisole, 3-Carene, p-Cymene, Limonene, Terpinolene, Terpineol, 3-Carene, α-Terpineol, Eucalyptol	Koudou 2009 Michel et al. 2010 Medzegue et al. 2013
Schinus terebinthifolius	δ-3-Carene, Limonene, α-Phellandrene, α-Pinene	Cole et al. 2014
Parthenium hysterophorus	Germacrene-D, trans-β-Ocimene, β-Myrcene	de Miranda et al. 2014
Ambrosia polystachya	Germacrene-D, trans-β-Ocimene, β-Caryophyllene	de Miranda et al. 2014
Inula viscose	E-Foreseen Epoxide, Nerolidol B	Nasser et al. 2014
Pelargonium graveolens	Citronellol, Geraniol, Caryophyllene oxide, Menthone, Linalool, β-Bourbonene, Iso-Menthone, Geranyl formate	Sharopov et al. 2014
Melissa officinalis	Neral, Geranial, Citronellal	Abdellatif and Hassani 2015
Origanum vulgare	Thymol, γ-Terpinene, Carvacrol, Carvacrol methyl ether, cis-α-Bisabolene, Eucalyptol, p-Cymene, Elemol	Vazirian et al. 2015
Ruta graveolens	2-Nonanone, Undecanal, 2-Acetoxydodecane, 2-Decanone	Al-Shuneigat et al. 2015
Tithonia diversifolia	α-Pinene,(E,E)-α-Farnesene, β-Caryophyllene	Dai et al. 2015
Houttuynia cordata	α-Myrcene, 2-Undecanone, (Z)-β-Ocimene	Dai et al. 2015
Asarum glabrum	Safrole, Apiole	Dai et al. 2015
Hedychium forrestii	β-Pinene, β-Linalool, 1,8-Cineole, 4-Terpineol	Thomas and Mani 2016

CAPÍTULO 5. ACTIVIDADES BIOLÓGICAS DOS ÓLEOS ESSENCIAIS COMO INSECTICIDAS

[thst]Os insecticidas sintéticos convencionais desempenham um papel importante na proteção dos cereais armazenados contra a infestação por insectos nos séculos XX e XXI. Pensa-se que a utilização destes insecticidas convencionais é uma das principais razões para o aumento da produtividade agrícola no século XX. No entanto, é cada vez maior a preocupação pública em todo o mundo com os efeitos a longo prazo para a saúde e o ambiente da utilização descontrolada e extensiva de insecticidas sintéticos. Muitos estudos laboratoriais e casos clínicos demonstraram que quase todos os insecticidas sintéticos convencionais têm potencial para afetar negativamente os ecossistemas e que a maior parte deles apresenta toxicidade aguda ou crónica para os seres humanos ou outros organismos não visados. Tendo em conta estes problemas, é urgente reduzir a utilização dos insecticidas convencionais e desenvolver alternativas com efeitos nocivos nulos ou reduzidos para o ambiente e sem toxicidade para os organismos não visados, incluindo o homem. Desde tempos imemoriais, com o início da civilização humana, várias partes de plantas têm sido utilizadas para proteger os grãos armazenados das pragas de insectos. Ainda hoje, vários produtos naturais, como a nicotina do tabaco, o piretro dos crisântemos, a rotenona da raiz de Derris, a sabadilla dos lírios, a ryania do arbusto ryania, o limoneno da casca dos citrinos e o neem da árvore tropical neem, têm sido utilizados para proteger os cereais das infestações de insectos no armazenamento em vários países. Nos últimos anos, as comunidades científicas centraram a sua atenção nos produtos vegetais voláteis como substitutos dos pesticidas sintéticos.

Os óleos essenciais são produtos metabólicos secundários das plantas cujas funções não são nutritivas. Estes óleos têm fortes componentes aromáticos que conferem à planta o seu odor e sabor característicos (Koul et al. 2008). Os óleos essenciais são misturas complexas de um grande número de constituintes em proporções variáveis (Van Zyl et al. 2006). Os seus componentes e qualidades variam com a distribuição geográfica, a época de colheita, as condições de crescimento e o método de extração (Yang et al. 2005). Estes óleos são líquidos à temperatura ambiente e podem ser facilmente transformados de um estado líquido para um estado gasoso à temperatura ambiente ou a uma temperatura ligeiramente superior sem se decomporem (Koul et al. 2008). Os óleos essenciais são produtos vegetais naturais muito interessantes e possuem várias propriedades biológicas. O termo "propriedades biológicas" inclui todas as actividades que estes compostos voláteis exercem sobre outros organismos, sejam eles micróbios, plantas ou animais. O conhecimento destas plantas produtoras de óleos essenciais, da sua química e das suas propriedades biológicas é de primordial importância não só para permitir a sua utilização como agentes naturais de controlo de pragas e substituir os pesticidas sintéticos comerciais, mas também para nos permitir compreender a natureza da sua toxicidade para animais não visados. Os insecticidas botânicos degradam-se rapidamente no ar e na humidade e são facilmente decompostos por enzimas de desintoxicação. Este facto é muito importante porque a rápida degradação sugere uma menor persistência no ambiente e riscos reduzidos para os organismos não visados. Os óleos essenciais derivados de plantas são geralmente considerados de largo espetro e seguros para o ambiente porque a variedade de compostos que contêm se biodegradam rapidamente no solo. Os óleos essenciais e os seus constituintes são principalmente compostos lipofílicos que actuam como toxinas, dissuasores de alimentação, repelentes, dissuasores de oviposição e até mesmo atractivos para uma grande variedade de pragas de insectos. Devido à sua volatilidade, os óleos essenciais também têm uma persistência limitada em condições naturais. Descobertas recentes sugerem que os voláteis derivados de plantas são neurotóxicos através do modo de ação octopaminérgico (Kostyukovsky et al. 2002). Assim, estes produtos naturais são seguros para o ser humano e outros vertebrados devido à ausência de um modo octopaminérgico de condução nervosa.

5.1. COMO ATRACTIVOS:

A presença de óleos essenciais voláteis e dos seus componentes nas plantas constitui uma importante estratégia de defesa das plantas, especialmente contra as pragas de insectos herbívoros. Estes óleos essenciais derivados de plantas também desempenham um papel crucial nas interacções planta-planta e servem de atractivos para alguns insectos, como os polinizadores. A atração de insectos por óleos essenciais e seus componentes tem sido estudada. Petroski e Hammack (1998) referiram que o cinamaldeído, o álcool cinamílico, o 4-metoxi-cinamaldeído, a geranilacetona e o aterpineol atraem os adultos do escaravelho da raiz do milho, *Diabrotica* sp. A cis-jasmona, por si só ou em combinação com o linalol e/ou o fenilacetaldeído, atrai adultos de lepidópteros (Pair e Horvat 1997). O geraniol e o eugenol são atractivos eficazes e são utilizados para atrair o escaravelho japonês, *Popillia japonica* (Vargas et al. 2000). Do mesmo modo, o metileugenol foi utilizado para atrair a mosca da fruta oriental, *Dacus dorsalis* (Vargas et al. 2000). Estes insectos atraídos podem então ser mortos por meios físicos e/ou químicos. Katerinopoulos et al. (2005) demonstraram que o 1,8-cineol de *Rosmarinus officinalis* atrai a traça da uva, *Lobesia botrana*, e o tripes das flores, *Frankliniella occidentalis*. O eugenol é um forte dissuasor para a maioria das espécies de insectos, embora em alguns casos possa ser um atrativo (Copping e Duke 2007). Podem atuar como mensageiros internos e como substâncias defensivas contra herbívoros ou como voláteis que dirigem não só inimigos naturais a estes herbívoros, mas também atraem insectos polinizadores para os seus hospedeiros (Harrewijn et al. 2001). Além disso, o óleo essencial atraente e os seus componentes podem ser utilizados como isco para atrair parasitóides e predadores para controlar as suas espécies de insectos hospedeiros no programa de gestão biológica de pragas de insectos. Estes óleos essenciais/componentes são úteis para a monitorização destas pragas de insectos agrícolas.

5.2. COMO REPELENTES:

Os repelentes de insectos são as substâncias que actuam local ou distalmente para deter os insectos. Vários óleos essenciais e os seus constituintes são conhecidos por repelir várias espécies de insectos, especialmente coleópteros (Quadro 5). O óleo essencial de *Adhatoda vasica* exibiu uma atividade repelente contra *Sitophilus oryzae* e *Bruchus chinensis* (Kokate et al., 1985). Ngoh et al. (1988) investigaram a atividade repelente do eugenol, isoeugenol, metileugenol, safrol, isosafrol, α-pineno, limoneno, 1,8-cineol e p-cimeno contra ninfas de *Periplaneta americana*. Provaram que o eugenol, o metil-eugenol, o isoeugenol, o safrol e o isosafrol são melhores tóxicos e repelentes para os insectos do que o limoneno, o 1,8-cineol e o p-cimeno. Apenas o α-pineno apresentou um efeito repelente considerável sobre as ninfas. O óleo de *Ocimum suave* e *Lippia* repeliu os adultos de *S. zeamais* (Hassalani e Lwande 1989; Mwangi et al. 1992). O óleo essencial de *Acorus calamus repeliu* os adultos de *Tribolium castaneum* (Jilani et al. 1988). O óleo essencial das bagas de *Jupinerus communis* é um ótimo repelente de mosquitos (Kalemba et al. 1991). Alguns óleos essenciais repeliram *S. granarius* e inibiram a sua alimentação (Nawrot 1983). Os óleos essenciais de *Absinthium* exerceram efeitos tóxicos e repulsivos sobre *S. granarius* (Kalemba et al. 1993).

Chahal et al. (2005) referiram que a turmerona e a desidroturmerona, os principais constituintes do óleo de pó de rizoma de curcuma, são fortes repelentes de pragas de grãos armazenados. Foi relatado que o óleo de curcuma protege os grãos de trigo contra os adultos de *T. castaneum*. Garcia et al. (2005) demonstraram o comportamento repelente do óleo essencial de *Baccharis salicifolia* contra adultos de *T. castaneum*. O óleo essencial isolado de *Tagetes terniflora* foi considerado eficaz como repelente contra o quinto instar de *T. castaneum* (Stefanazzi et al. 2006). Wang et al. (2006) testaram e estabeleceram a atividade repelente e fumigante do óleo essencial de *Artemisia vulgaris* contra adultos de *T. castaneum*. As propriedades repelentes do óleo essencial do género *Eucalyptus* também estão bem estabelecidas. Este óleo apresentou alta repelência contra *Ixodes ricinus*, *Aedes albopictus* e *Pediculus humanus capitis* (Jaenson et al. 2006; Toloza et al. 2008). O óleo de *Triaenops persicus* foi relatado como tendo atividade inseticida contra adultos de *T. castaneum* e *S. oryzae* (Koul 2008). Os óleos essenciais de alho e de menta foram avaliados contra o pulgão do feijão-frade, *Aphis craccivora,* e a sua atividade repelente absoluta foi comprovada em pulgões adultos. O óleo de alho teve maior repelência do que o óleo de menta (Ahmed et al. 2007). Esta ação repelente dos óleos essenciais pode estar relacionada com os constituintes principais, por exemplo, piperitona, cânfora e cinamato de (E)-etilo.

QUADRO 5: ÓLEOS ESSENCIAIS COM ACTIVIDADE REPELENTE

Plant species	Insect species	Reference
Carum copticum	*Callosobruchus maculatus*	Shakarami et al. 2005
Artemisia scoparia	*C. maculatus, T. castaneum, S. oryzae*	Negahban et al. 2006
Melalecuca alternifolia	*C. maculatus, S. oryzae*	Ahmed and El-Salam, 2010
Cinnamomum zeylanicum	*C. maculatus, S. oryzae*	Ahmed and El-Salam, 2010
Syzygium aromaticum	*C. maculatus, S. oryzae*	Ahmed and El-Salam, 2010
Cymbopogon flexuosus	*C. maculatus, S. oryzae*	Ahmed and El-Salam, 2010
Thymus vulgaris	*C. maculatus, S. oryzae*	Ahmed and El-Salam, 2010
Eucalyptus globules	*C. maculatus, S. oryzae*	Ahmed and El-Salam, 2010
Simmondsia chinensis	*C. maculatus, S. oryzae*	Ahmed and El-Salam, 2010
Anethum graveolens	*T. castaneum*	Chaubey 2007a,b
Nigella sativa	*T. castaneum*	Chaubey 2007a,b
Trachyspermum ammi	*T. castaneum*	Chaubey 2007a,b
Carum copticum	*T. castaneum, C. maculatus*	Sahaf et al. 2008
Perovskia abrotanoides	*T. castaneum*	Arabi et al. 2008
Myristica fragrance	*T. castaneum*	Shukla et al. 2008
Illicium verum	*T. castaneum*	Shukla et al. 2008
Achillea wilhelmsii	*Plodia interpunctella*	Karahroodi et al. 2009
Hyssopus officinalis	*P. interpunctella*	Karahroodi et al. 2009
Zhumeria majdae	*P. interpunctella*	Karahroodi et al. 2009
Drimys winteri	*T. castaneum*	Zapata and Smagghe 2010
Laurelia sempervirens	*T. castaneum*	Zapata and Smagghe 2010
Schinus molle	*Trogoderma granarium, T. castaneum, C.maculatus*	Abdel-Sattar et al. 2010
Carum carvi	*Meligethes aeneus*	Pavela 2011
Thymus vulgaris	*M.s aeneus*	Pavela 2011
Piper cubeba	*T. castaneum*	Chaubey 2011
Zingiber officinale	*T. castaneum*	Chaubey 2011
Mentha longifolia	*C. maculatus*	Akrami et al. 2011
Thymus kotschyanus	*C. maculatus*	Akrami et al. 2011
Citrus reticulate, C. limon	*C. maculatus, P. interpunctella*	Saeidi et al. 2011
Carum copticum	*Plutella xylostella, T. castaneum*	Jamal et al. 2012
Perovskia abrotanoides	*P. xylostella, T. castaneum*	Jamal et al. 2012
Artemisia judaica	*C. maculatus, P. interpunctella*	Abd-Elhady 2012
Achillea wilhelmsii	*C. maculatus, P. interpunctella*	Abd-Elhady 2012
Hyssopus officinalis	*C. maculatus, P. interpunctella*	Abd-Elhady 2012
Zhumeria majdae	*C. maculatus, P. interpunctella*	Abd-Elhady 2012
Piper cubeba	*T. castaneum, S. oryzae*	Chaubey. 2012
Zingiber officinale	*T. castaneum, S. oryzae*	Chaubey, 2012
Citrus aurantium	*T. castaneum*	Pugazhvendan 2012
Cinnamomum zeylanicum	*T. castaneum*	Pugazhvendan 2012
Gautheria fragrantissima	*T. castaneum*	Pugazhvendan 2012
Lavandula officinalis	*T. castaneum*	Pugazhvendan 2012
Oscimum sanctum	*T. castaneum*	Pugazhvendan 2012
Anethum graveolens	*S. oryzae*	Chaubey 2012
Nigella sativa	*S. oryzae*	Chaubey 2012
Trachyspermum ammi	*S. oryzae*	Chaubey 2012
Citrus limonum	*Tenebrio molitor*	Wang et al. 2015
Litsea cubeba	*T. molitor*	Wang et al. 2015
Allium sativum	*S. oryzae*	Chaubey 2016a
Cinnamomum tamala	*S. oryzae*	Chaubey 2016b

Chaubey (2007a,b) e Shukla et al. (2008) isolaram óleos essenciais de *Cuminum cyminum*, *Piper nigrum*, *Illicium verum*, *Myristica fragrans*, *Foeniculum vulgare*, *Trachyspermum ammi*, *Anethum graveolens* e *Nigella sativa* e determinaram a sua atividade repelente contra adultos de *T. castaneum*.

A atividade repelente dos óleos essenciais das sementes de *Afromomum melegueta* e dos rizomas de *Zingiber officinale* foi avaliada contra *R. dominica*. Ambos os óleos repeliram os escaravelhos adultos (Ukeh 2008). Lopez et al. (2008) referiram que o óleo de *Coriandrum sativum* era muito tóxico para *S. oryzae, R. dominica* e *C. pusillus*, enquanto as fracções de cânfora eram altamente tóxicas para *R. dominica* e *C. pusillus*. Cosimi et al. (2009) testaram os óleos essenciais de *Laurus nobilis, Citrus bergamia* e *Lavandula hybrida* para actividades repelentes contra adultos de *S. zeamais* e *Cryptolestes ferrugineus*. O óleo essencial de *C. bergamia* exerceu a maior repelência sobre os adultos de *S. zeamais*. Os compostos activos repelentes isolados de *Limnophila geoffrayi* e *Schizonepeta tenuifolia* são pulegona, linalol, eugenol, timol e metil chavicol (Park et al. 2006a. Enquanto outros compostos repelentes, como α-pineno, β-pineno, D-limoneno, (E)-3, 7-dimetil-, 2, 6-octadienal foram isolados de *Armoracia rusticana, Pimpinella anisum, Allium sativum, Laurelia sempervirens* e *Drimys winteri* (Park et al. 2006b; Zapata e Smagghe 2010). Kheradmand et al. (2010) avaliaram e estabeleceram a atividade repelente da jojoba, óleo de sementes de *Simmondasia chinensis* em *Oryzaephilus surinamensis* e *C. maculatus*. Kim et al. (2010) avaliaram a atividade repelente do óleo essencial de origanum e dos seus nove constituintes contra adultos de *T. castaneum*. Entre os nove constituintes do óleo de origanum, o óxido de cariofileno e o α-pineno produziram forte repelência. O timol, o carvacrol e o mirceno, que são monoterpenóides hidrogenados, também mostraram uma forte repelência. O terpineno e o canfeno produziram uma repelência moderada e baixa. Abdel-Sattar et al. (2010) demonstraram que os óleos essenciais de *Schinus molle* (fruto e folha) têm atividade repelente de insectos contra *T. granarium* e *T. castaneum*. Identificaram o p-cimeno como um componente principal nos óleos dos frutos e das folhas. A atividade repelente do óleo essencial obtido a partir das folhas induziu uma atividade mais elevada do que a do fruto. Zapata e Smagghe (2010) mostraram que os óleos essenciais das folhas e da casca de *Laurelia sempervirens* e *Drimys winteri* têm uma atividade altamente repelente contra *T. castaneum*. Liu et al. (2010) relataram a toxicidade de contacto dos óleos essenciais de *Artemisia capillaris* e *A. mongolica* contra *S.zeamais*. A atividade inseticida pode ser devida aos componentes principais, 1,8-cineol, germacreno D, a-pineno, germacreno D e γ-terpineno do óleo essencial de *A. mongolica*. Pavela (2011) avaliou dez óleos essenciais quanto à sua atividade repelente contra *Meligethes aeneus*. Os óleos isolados de *Carum carvi* e *Thymus vulgaris* apresentaram a maior atividade repelente. A atividade repelente dos óleos essenciais obtidos de *Mentha longifolia* e *Thymus kotschyanus* foi avaliada contra *C. maculatus* (Akrami et al. 2011). Ajayi e Olonisakin (2011) estudaram e estabeleceram actividades repelentes dos óleos essenciais de *Syzgium aromaticum, Piper guineense* e *Xylopia aethiopica* contra *T. castaneum*. Chaubey (2011) avaliou os óleos essenciais de *Zingiber officinale* e *Piper cubeba* quanto à sua atividade repelente contra *T. castaneum*. Os óleos essenciais de *Z. officinale* e *P. cubeba* repeliram significativamente os adultos de *T. castaneum*, mesmo em concentrações muito baixas. Os óleos essenciais de *Origanum vulgare* e *Thymus vulgaris* foram testados contra *Nezara viridula* (Gonzalez et al. 2011). Khani e Asghari (2012) avaliaram e estabeleceram a atividade inseticida do óleo essencial de *Pulicaria gnaphalodes* contra *T. confusum* e *C. maculatus*. Ben Jemba et al. (2012) relataram óleos essenciais de *Laurus nobilis* da Tunísia, Argélia e Marrocos pelas suas actividades repelentes e tóxicas contra *R. dominica* e *T. castaneum*. O óleo essencial de *Artemisia judaica foi* considerado específico contra o gorgulho do feijão-frade, *C. maculatus*. O óleo essencial de *A. judaica foi relatado como tendo* atividade inseticida contra *C. maculatus* (Abd-Elhady 2012). O seu efeito tóxico foi atribuído à piperitona, cânfora e cinamato de (E)-etilo. Estes compostos são monoterpenóides que são lipofílicos e têm propriedades de penetração rápida nos insectos que, consequentemente, interferem com as funções bioquímicas e fisiológicas (Ahn et al. 1998). Abd-Elhady (2012) relatou que o óleo essencial obtido de *Artemisia judaica* tem atividade repelente contra o gorgulho do feijão-frade, *C. maculatus*. Reduziu a postura de ovos em *C. maculatus*. O óleo essencial de *A. sativum* foi isolado e avaliado quanto às suas actividades repelentes contra *T. castaneum* e *S. oryzae*. O óleo essencial de *A. sativum* repeliu os adultos de *T. castaneum* e *S. oryzae* a uma concentração muito baixa (Chaubey 2013; 2016a). Os óleos essenciais de *Citrus limonum* e *Litsea cubeba* foram relatados quanto à atividade repelente contra adultos de *Tenebrio molitor* (Wang et al. 2015). A atividade repelente destes óleos essenciais pode ser devida à presença de D-limoneno e 3,7-dimetil-6-octenal do óleo essencial de *C. limonum* e (E)-3, 7-dimetil-2, 6-octadienal e (E)-cinnamaldeído de *L. cubeba*.

5.3. COMO ANTIFEEDANTES:

Os antifeedantes podem ser definidos como as substâncias que impedem a alimentação quando entram em contacto com os insectos. Sabe-se que os óleos essenciais derivados de plantas e os seus compostos apresentam propriedades anti-alimentares contra várias espécies de insectos pragas (Quadro 6). Paruch et al. (2000) relataram uma lactona terpenóide que exibe atividade anti-alimentar contra *S. granarium, T. granarium* e *T. confusum*. Os óleos isolados de *Curcuma longa* e *Zingiber officinale* foram considerados eficazes como antialimentares e reguladores do crescimento de insectos (Agarwal et al. 2000). A atividade anti-alimentar do 1,8-cineol foi demonstrada contra o *T. castaneum* (Tripathi et al. 2001). Tripathi et al. (2003) relataram actividades de dissuasão alimentar do óleo essencial de folhas de *Curcuma longa* contra adultos e larvas de *R. domestica, S. oryzae* e *T. castaneum*, que foram atribuídas à presença de monoterpenos, carvona e dihidrocarvona. Omolo et al. (2004) e Odalo et al. (2005) avaliaram as actividades repelentes de alguns óleos derivados de plantas quenianas e de alguns metabolitos puros extraídos das mesmas contra *A. gambiae*. As substâncias químicas repelentes mais eficazes foram o álcool perílico, o cisverbenol, o cis-carveol, o geraniol, o citronelal, o perilaldeído, o óxido de cariofileno, o carvacrol, o 4-isopropilbenzenometanol, o timol, o 3-careno e o mirceno. A toxicidade do óleo essencial de *Piper aduncum* foi testada contra *Cerotoma tingomarianus*. Este óleo causou problemas fisiológicos e reduziu o consumo foliar pelos escaravelhos (Fazolin et al. 2005). Rana e Rashmi 2005 mostraram a atividade antifeedante do óleo essencial de *Vitex negundo* contra *C. chinensis* e *S. oryzae*.

QUADRO 6: ÓLEOS ESSENCIAIS COM ACTIVIDADE ANTIFEEDANTE

Espécies vegetais	Espécies de insectos	Referência
Curcuma longa	*R. domestica*	Tripathi et al. 2003
C. longa	*S. oryzae*	Tripathi et al. 2003
C.a longa	*T. castaneum*	Tripathi et al. 2003
Schinus molle	*S. oryzae*	Benzi et al. 2009
Eucalipto globulus	*T. castaneum*	Ebdadollahi 2011
Lavandula stoechas	*T. castaneum*	Ebdadollahi 2011
Glóbulos de eucalipto	*T. castaneum*	Ebadollahi 2011
Lavandula stoechas	*T. castaneum*	Ebadollahi 2011
Piper cubeba	*T. castaneum, S.oryzae*	Chaubey 2012
Zingiber officinale	*T. castaneum, S.oryzae*	Chaubey 2012
Allium sativum	*S. oryzae*	Chaubey 2016a
Cinnamomum tamala	*S. oryzae*	Chaubey 2016b

Benzi et al. (2009) avaliaram os índices nutricionais e as actividades de dissuasão alimentar do óleo essencial das folhas e dos frutos da pimenteira brasileira, *Schinus molle,* em adultos de *S. oryzae*. Verificou-se que os óleos de ambas as partes da planta alteram os índices nutricionais. O óleo essencial dos frutos tem uma forte atividade de dissuasão alimentar, enquanto o óleo das folhas tem um efeito ligeiro. Ebdadollahi (2011) estudou a atividade antifeedante dos óleos essenciais de *Eucalyptus globulus* e *Lavandula stoechas* contra *T. castaneum*. Todos os óleos essenciais testados causaram reduções na alimentação dos insectos de uma forma dependente da concentração.

Chaubey (2012) avaliou as actividades anti-alimentares dos óleos essenciais dos rizomas de *Zingiber officinale* e das bagas de *Piper cubeba*, bem como dos compostos puros, α-pineno e β-cariofileno contra *T. castaneum* e *S. oryzae*. O *β-cariofileno* apresentou a maior toxicidade, seguido de *P. cubeba*, *Z. officinale* e α-pineno contra ambos os insectos. *S. oryzae* foi mais sensível do que *T. castaneum* a ambos os óleos essenciais e compostos puros. A dissuasão da alimentação foi máxima em ambos os insectos pelo óleo essencial de *P. cubeba*, seguido pelo óleo essencial de *Z. officinale*, β-cariofileno e α-pineno. O óleo essencial de *Allium sativum* exibiu atividades antialimentares contra *T. castaneum* e *S. oryzae* (Chaubey 2013; 2016a).

A atividade antifeedante dos óleos essenciais pode ser devida aos seus constituintes principais. Além disso, os constituintes menores dos óleos essenciais desempenham um papel importante na alteração da atividade através de efeitos sinérgicos. Em geral, a mistura da composição química dos óleos essenciais é mais eficaz do que a dos compostos puros individuais. Por conseguinte, os efeitos sinérgicos entre os componentes dos óleos essenciais desempenham um papel essencial na atividade dos óleos essenciais (Don-Pedro, 1996; Hori, 1998). A exploração da influência da complexidade química dos óleos essenciais no comportamento alimentar dos insectos pode ajudar no desenvolvimento de novos produtos de proteção das culturas para utilização na gestão integrada das pragas. No entanto, todos os produtos precisam de ser testados quanto aos seus efeitos em organismos não visados e quanto ao seu impacto ambiental e futuro. A compreensão do papel de cada constituinte na eficácia do óleo oferece uma oportunidade para criar misturas artificiais de diferentes constituintes com base na sua atividade e eficácia contra diferentes pragas.

5.4. COMO DETERRENTES OVICIDAS E DE OVIPOSIÇÃO:

Os óleos essenciais não só são activos contra os adultos e as larvas, como também inibem a reprodução e a eclosão dos ovos. Esta ação pode ser o resultado da sensibilidade das fêmeas, resultando numa redução da fecundidade. Foi também observada a inibição da reprodução de *Acanthoscelides obtectus* por óleos essenciais pertencentes às famílias Labiatae, Umbelliferae, Lauraceae, Myristicaceae, Graminae, Rutacae, Myrtacae. Este escaravelho demonstrou ser um modelo conveniente para indicar com precisão qual a fase reprodutiva visada e a velocidade da atividade dos óleos essenciais (Regnault-Roger e Hamraoui 1994). O óleo de casca de *citrinos* provocou uma elevada redução da oviposição de *C. maculates* (Don-Pedro 1996; Elhag 2000). O óleo de *Acorus calamus* reduz a oviposição em *C. maculatus* (Dimetry et al. 2003). A carvona suprime completamente a eclosão de ovos de *T. castaneum* (Tripathi et al. 2003). Brito et al. (2006) estudaram os efeitos dos óleos essenciais de *Eucalyptus citriodora, E. globulus* e *E. staigerana* na oviposição e no número de insectos emergidos de *Zabrotes subfasciatus* e *C. maculatus*. Estes óleos essenciais reduziram a percentagem de ovos viáveis e de insectos emergidos de ambas as espécies de coleópteros. Os óleos de *A. graveolens, C. cyminum, I. verum, M. fragrans, N. sativa, P. nigrum* e *T. ammi* foram avaliados quanto às actividades inibidoras da oviposição contra *C. chinensis*. Estes óleos essenciais reduzem o potencial de oviposição do inseto quando fumigados com concentrações subletais (Chaubey 2008).

Waliwitiya et al. (2009) avaliaram e estabeleceram actividades de dissuasão da oviposição de eugenol, citronelal, timol, pulegona e cimeno. Nondenot et al. (2010) testaram os óleos essenciais de *Ageratum conyzoides, Citrus aurantifolia* e *Melaleuca quinquenervia* em *C. maculatus*. Estes óleos apresentam atividade inseticida e reduzem a capacidade de postura de ovos em *C. maculatus*. Ajayi e Olonisakin (2011) avaliaram a atividade ovicida dos óleos essenciais de *Syzgium aromaticum, Piper guineense* e *Xylopia aethiopica* contra *T. castaneum*. Os três óleos essenciais são capazes de reduzir a emergência da descendência de *T. castaneum*. Um maior número de adultos emergiu em *X. aethiopica* do que em *S. aromaticum* e *Piper guineense*. Chaubey (2012) demonstrou a atividade inibidora da oviposição de α-pineno e β-cariofileno isoladamente ou em combinação binária contra *T. castaneum* através do método de fumigação. A fumigação de adultos de *T. castaneum* com concentrações subletais de α-pineno, β-cariofileno e sua combinação binária reduzem o potencial de oviposição do inseto. Este estudo indica que o α-pineno e o β-cariofileno em combinação binária apresentaram sinergismo e reduziram a capacidade de postura de ovos em *T. castaneum*. O óleo *essencial de A. sativum* foi avaliado quanto a actividades inibidoras da oviposição contra *S. oryzae*. A exposição de adultos de *S. oryzae* a concentrações subletais de óleo de *A. sativum* inibiu a oviposição (Chaubey 2016a).

QUADRO 7: ÓLEOS ESSENCIAIS COM ACTIVIDADE OVICIDA

Espécies vegetais	Espécies de insectos	Referência
Allium sativum	*T. castaneum*	Ho et al. 1996
Fragrância de Myristica	*T. castaneum*	Ho et al. 1997
Cuminum cyminum	*T. confusum*	Tunc et al. 2000
Cuminum cyminum	*E. kuehniella*	Tunc et al. 2000
Pimpinella anisum	*T. confusum*	Tunc et al. 2000
Pimpinella anisum	*E. kuehniella*	Tunc et al. 2000
Ammi visnaga	*Mayetiola destructor*	Lamiri et al., 2001
Carum carvi	*Trialeurodes vaporariorum*	Choi et al. 2003
Anethum graveolens	*C. chinensis*	Chaubey 2008
Cuminum cyminum	*C. chinensis*	Chaubey 2008
Illicium verum	*C. chinensis*	Chaubey 2008
Myristica fragrans	*C. chinensis*	Chaubey 2008
Nigella sativa	*C. chinensis*	Chaubey 2008
Piper nigrum	*C. chinensis*	Chaubey 2008
Trachyspermum ammi	*C. chinensis*	Chaubey 2008
Elletaria cardamomum	*T. castaneum*	Modal e Khalequzzaman 2009
Cinnamomum zeylanicum	*T. castaneum*	Modal e Khalequzzaman 2009
Syzygium aromaticum	*T. castaneum*	Modal e Khalequzzaman 2009
Eucalipto spp.	*T. castaneum*	Modal e Khalequzzaman 2009
Azadirecta indica	*T. castaneum*	Modal e Khalequzzaman 2009
Petroselinum sativum	*P. interpunctella*	Rafiei-Karaharoodi et al. 2011
Piper cubeba	*C. chinensis*	Chaubey 2013
Zingiber officinale	*C. chinensis*	Chaubey 2013
Allium sativum	*C. chinensis*	Chaubey 2014

Em todos os casos, os óleos essenciais e os seus componentes têm fortes efeitos sobre os ovos, a oviposição e a eclosão dos ovos das pragas de insectos. Foi referido que os óleos essenciais têm uma densidade de vapor mais baixa do que os óleos gordos; por conseguinte, são facilmente volatilizados. Esta poderá ser a razão pela qual a maioria dos ovos que poderiam ter eclodido não conseguiram sobreviver aos efeitos de volatilidade dos óleos essenciais, especialmente à medida que a concentração/dosagem dos óleos aumentava. Os resultados indicaram claramente variações na atividade dos óleos essenciais em função da fase do inseto, da espécie do inseto e da origem vegetal do óleo essencial.

5.5. COMO TOXICANTES:

Vários óleos essenciais e seus componentes foram avaliados quanto à sua natureza tóxica contra diversos grupos de pragas de insectos, e a maioria deles demonstrou uma toxicidade promissora, quer por fumigação, quer por ação de contacto (Agrawal et al. 2001; Tripathi et al. 2003; Chaubey 2007a,b; Shukla et al. 2008; Abdel-Sattar et al. 2010; Ayaz et al. 2010; Zapata e Smagghe 2010; Chaubey 2011; Stefanazzi et al. 2011) (Quadro 8). Os óleos *de Gaultheria* e *Eucalyptus* exibiram alta toxicidade em *S. oryzae* e *C. chinensis* (Ahmed e Eapen 1986). Sabe-se que a pulegona, o linalol e o limoneno causam toxicidade fumigante contra o gorgulho do arroz, *S. oryzae*. O óleo *de Mentha citrata* que contém linalol e acetato de linalilo apresenta uma toxicidade fumigante significativa para o gorgulho do arroz (Singh et al. 1989). Insectos como *S. zeamais, T. castaneum* e *Prostephanus truncatus* são muito sensíveis a aplicações tópicas de óleo essencial *de citrinos* (Haubruge et al. 1989). O óleo de *Solidago canadensis* demonstrou uma forte ação tóxica contra *S. granarius* (Kalemba et al. 1990). O eugenol também é tóxico para *S. granarius* (Hummelbrunner e Isman 2001). Os óleos essenciais de *Anethum sowa* (Tripathi et al. 2000a), *Artemisia annua* (Tripathi et al. 2000b), *Lippia alba* (Verma et al. 2000) e *Elletaria cardomum* (Huang et al. 2000) foram registados pelo seu comportamento tóxico contra *T. castaneum*. A carvona e o mentol são mais eficazes como fumigantes contra *T. castaneum* e *C. maculatus*. O 1,8-cineol apresenta toxicidade de contacto e fumigante contra *T. castaneum* (Tripathi et al. 2001). Lee et al. (2001) registaram a toxicidade do mentol, metoneno, limoneno, α-pipeno, β-pipeno e linalol contra *S. oryzae* e provaram que estes componentes do óleo essencial exercem a sua toxicidade através da inibição da enzima acetilcolina esterase. O trans-anetole, o timol, o 1,8-cineol, o carvacrol, o terpineol e o linalol foram avaliados como fumigantes contra o *T. castaneum*, mas apenas o trans-anetole mostra um efeito significativo contra esta espécie de inseto (Koul et al. 2007). Os óleos essenciais de sementes de *Coriandrum sativum* e *Carum carvi* foram avaliados quanto à toxicidade fumigante contra *S. oryzae, R. dominica* e *Cryptolestes pusillus*. Os coentros contêm linalol como componente principal e são activos contra as três pragas. As fracções ricas em cânfora são muito tóxicas para *R. dominica* e *C. pusillus*. A carvona é o monoterpenóide mais eficaz contra *S. oryzae*. O (E)-Anethole é tóxico para *R. dominica* enquanto os vapores de limoneno matam apenas adultos de *C. pusillus* (Lopez et al. 2008). Foi realizado um estudo comparativo para avaliar as toxicidades de contacto e de fumigação dos monoterpenos viz. canfeno, cânfora, carvona, 1-8-cineol, cuminal-deído, fenchona, geraniol, limoneno, linalol, mentol e mirceno em *S. oryzae* e *T. castaneum*. Em ensaios de toxicidade de fumigantes, o 1-8-cineol foi considerado o mais eficaz contra *S. oryzae* e *T. castaneum*. As investigações de estrutura-toxicidade revelam que a carvona tem a maior toxicidade de contacto contra ambos os insectos. Estudos de inibição *in vitro* da acetilcolina esterase de adultos de *S. oryzae* mostram que o cuminaldeído inibe mais eficazmente a atividade enzimática, seguido do 1-8-cineol, do limoneno e da fenchona. O 1-8-cineol é o inibidor mais potente da atividade da acetilcolina esterase das larvas de *T castaneum*, seguido da carvona e do limoneno (Abdelgaleil et al. 2009). Os óleos essenciais de árvore-do-chá (*Melaleuca alternifolia*), canela (*Cinnamomum zeylanicum*), cravo-da-índia (*Syzygium aromaticum*), erva-cidreira (*Cymbopogon flexuosus*), tomilho (*Thymus vulgaris*), eucalipto (*Eucalyptus globulus*) e jojoba (*Simmondsia chinensis*) foram testados quanto à sua atividade fumigante contra adultos de *C. maculatus* e *S. oryzae*. A mortalidade aumentou com o aumento da concentração dos diferentes óleos e do período de exposição. O efeito dos compostos voláteis dos óleos de *Citrus reticulata* e *C. sinensis foi* estudado sobre a praga de grãos armazenados *T. castaneum* e indicou que o óleo essencial de *C. reticulata* mostrou efeitos mais tóxicos do que o de *C. sinensis* contra larvas e adultos de *T. castaneum* (Saleem et al. 2013). O efeito de toxicidade fumigante de óleos essenciais de cinco espécies de *Eucalyptus viz. E. camaldulensis*, *E. grandis*, *E. viminalis*, *E. microtheca* e *E. sargentii* foi estudado contra adultos de *S. oryzae* (Nowrouziasl et al. 2014). Os resultados indicaram que a mortalidade de insectos adultos aumentou com o aumento da concentração e do tempo de exposição. Foi determinada a atividade inseticida dos óleos essenciais de *Datura stramonium*, *Eucalyptus camaldulensis*, *Moringa oleifera* e *Nigella sativa* contra três grandes pragas de insectos, *nomeadamente T. castaneum*, *T. granarium* e *C. ferrugineus* (Saleem et al. 2014). A fumigação com óleos essenciais causou a mortalidade em todos os níveis de concentração e períodos de exposição testados. O óleo de *D. stramonium* foi considerado o mais tóxico contra *T. granarium* e *C. ferrugineus*, enquanto *N. sativa* apresentou a maior mortalidade por fumigação contra *T. castaneum*.

A atividade inseticida do óleo essencial obtido de *S. aromaticum* e dos seus principais constituintes, como o eugenol, o acetato de eugenol e o β-cariofileno, foi avaliada quanto à toxicidade de contacto contra *C. chinensis* (Tian et al. 2015). Os óleos essenciais ou voláteis são naturalmente líquidos à temperatura ambiente e transformam-se facilmente em vapores à temperatura ambiente ou a uma temperatura ligeiramente superior sem qualquer decomposição (Koul et al. 2008). Por conseguinte, os óleos voláteis são frequentemente utilizados como fumigante contra insectos de cereais armazenados. O mecanismo de toxicidade dos óleos essenciais e dos seus constituintes pode dever-se ao seu efeito neurotóxico. A este respeito, o óleo essencial e o seu composto ativo timol podem interagir com o neuromodulador octopamina. Induzem também neurotoxicidade através de efeitos nos canais de cloreto bloqueados GABA. Foi relatado que o timol induz uma elevada toxicidade para alguns insectos, como o *S. oryzae* (Rozman et al. 2007).

Plant species	Insecticidal activity and tested insect	Reference
Anethum sowa	Fumigant activity against *T. castaneum*	Tripathi et al. 2000a
Artemisia annua	Fumigant activity against *T. castaneum*	Tripathi et al. 2000b
Elletaria cardomum	Fumigant activity against *T. castaneum*	Huang et al. 2000
Apium graveolens	Adulticidal fumigant toxicity against *Acanthoscelides obtectus*	Papachristos and Stamopoulos 2002
Foeniculum vulare	Fumigant toxicity against adults of *T. castaneum*	Lee et al. 2002
Pimpinella anisum	Fumigant toxicity against adults of *T. castaneum*	Lee et al. 2002
Foeniculum vulare	Contact and fumigant toxicity against adults of *Lasioderma serricorne*	Kim et al. 2003a
Cnidium officinale	Contact and fumigant toxicity against adults of *L. serricorne*	Kim et al. 2003a
Foeniculum vulare	Adulticidal on *S. oryzae* and *C. chinensis*	Kim et al. 2003b
Angelica dahurica	Contact and fumigant toxicity against adults of *L. serricorne, S. oryzae* and *C. chinensis*	Kim et al. 2003a,b
Carum copticum	Adulticidal activity against *S. oryzae* and *T. castaneum*	Sahaf et al. 2007
Trachyspermum ammi	Fumigant toxicity against *T. castaneum*	Chaubey 2007
Anethum graveolens	Fumigant toxicity against *T. castaneum*	Chaubey 2007
Nigella sativa	Fumigant toxicity against *T. castaneum*	Chaubey 2007
Anethum graveolens	Fumigant toxicity against *C. chinensis*	Chaubey2008
Coriandrum sativum	Fumigant toxicity against adults of *S. oryzae, R. dominica* and *Cryptolestes pusillus*	Lopez et al. 2008
Anethum graveolens	Fumigant toxicity against adults of *C. chinensis*	Chaubey 2008
Cuminum cyminum	Fumigant toxicity against adults of *C. chinensis*	Chaubey 2008
Illicium verum	Fumigant toxicity against adults of *C. chinensis*	Chaubey 2008
Myristica frangrans	Fumigant toxicity against adults of *C. chinensis*	Chaubey 2008
Nigella sativa	Fumigant toxicity against adults of *C. chinensis*	Chaubey 2008
Piper nigrum	Fumigant toxicity against adults of *C. chinensis*	Chaubey 2008
Trachyspermum ammi	Fumigant toxicity against adults of *C. chinensis*	Chaubey 2008
Coriandrum sativum	Toxicity against *S. granarius* adults.	Zoubiri and Baaliouamer 2010
Heracleum persicum	Fumigant toxicity on adults of *C. maculatus*	Manzoomi et al. 2010
Prangos acaulis	Adulticidal and larvicidal against *C. maculatus*	Taghizadeh-Sarikolaei and Moharampour 2010
Cinnamomum zetlanicum	Fumigant Toxicity against *C. maculatus. S. oryzae* adults	Ahmad and El-Salam. 2010
Syzygium aromaticum	Fumigant Toxicity against *C. maculatus. S. oryzae* adults	Ahmad and El-Salam. 2010

Cymbopogon flexuosus	Fumigant Toxicity against *C. maculatus, S. oryzae* adults	Ahmad and El-Salam, 2010
Thymus vulgaris	Fumigant Toxicity against *C. maculatus, S. oryzae* adults	Ahmad and El-Salam, 2010
Eucalyptus globules	Fumigant Toxicity against *C. maculatus, S. oryzae* adults	Ahmad and El-Salam, 2010
Simmondsia chinensis	Fumigant Toxicity against *C. maculatus, S. oryzae* adults	Ahmad and El-Salam, 2010
Trachyspermum ammi	Fumigant toxicity against adults of *S. oryzae*	Chaubey 2011
Piper nigrum	Fumigant toxicity against adults of *S. oryzae*	Chaubey 2011
Cuminum cyminum	Fumigant toxicity against adults of *S. oryzae*	Chaubey 2011
Azilia eryngioides	Fumigant toxicity on adult of *S. granarius* and *T. castaneum.*	Ebadollahi and Mahboubi 2011
Foeniculum vulare	Fumigant activity against *S. oryzae* and *S. granarius* adults	Ebadollahi 2011c
Ostericum sieboldii	Contact and fumigant toxicity against *T. castaneum* and *S. zeamais* adults	Liu et al. 2011
Cuminum cyminum	Fumigant toxicity against *C. maculatus* adults	Yeom et al. 2012
Coriandrum sativum	Adulticidal against *T. confusum* and *C. maculatus*	Khani and Rahdari 2012
Heracleum persicum	Adulticidal against *C. maculates*	Izakmehri et al. 2012
Trachyspermum ammi	Fumigant toxicity against adults of *S. oryzae*	Chaubey 2012
Anethum graveolens	Fumigant toxicity against adults of *S. oryzae*	Chaubey 2012
Nigella sativa	Fumigant toxicity against adults of *S. oryzae*	Chaubey 2012
Piper cubeba	Fumigant toxicity against adults of *S. oryzae, T. castaneum*	Chaubey 2012
Zingiber officinale	Fumigant toxicity against adults of *S. oryzae, T. castaneum*	Chaubey 2012
Citrus aurantium	Fumigant Toxicity against *T. castaneum* adults	Pugazhvendan 2012
Cinnamomum zeylanicum	Fumigant Toxicity against *T. castaneum* adults	Pugazhvendan 2012
Gautheria fragrantissima	Fumigant Toxicity against *T. castaneum* adults	Pugazhvendan 2012
Lavandula officinalis	Fumigant Toxicity against *T. castaneum* adults	Pugazhvendan 2012
Oscimum sanctum	Fumigant Toxicity against *T. castaneum* adults	Pugazhvendan 2012
Syzygium aromaticum	Fumigant Toxicity against *S. oryzae, Acanthoscelides obtectus* adults	Jairoce et al 2012
Coriander sativum	Fumigant Toxicity against *C. maculatus, T. castaneum* adults	Khani and Rahdari, 2012
Citrus reticulate	Fumigant Toxicity against *T. castaneum* adults and larvae	Saleem et al. 2013
Citrus sinensis	Fumigant Toxicity against *T. castaneum* adults and larvae	Saleem et al. 2013
Eucalyptus camaldulensis	Fumigant Toxicity against *S. oryzae* adults	Nowrouziasl et al 2014
E. grandis	Fumigant Toxicity against *S. oryzae* adults	Nowrouziasl et al 2014
E. viminalis	Fumigant Toxicity against *S. oryzae* adults	Nowrouziasl et al 2014
E. microtheca	Fumigant Toxicity against *S. oryzae* adults	Nowrouziasl et al 2014
E. sargentii	Fumigant Toxicity against *S. oryzae* adults	Nowrouziasl et al 2014
Datura stramonium	Fumigant Toxicity against *T. castaneum, Trogoderma granarium, Cryptolestes ferrugineus* adults	Saleem et al 2014
Eucalyptus camaldulensis	Fumigant Toxicity against *T. castaneum, Trogoderma granarium, Cryptolestes ferrugineus* adults	Saleem et al 2014
Moringa oleifera	Fumigant Toxicity against *T. castaneum, Trogoderma*	Saleem et al 2014

	granarium, Cryptolestes ferrugineus adults	
Nigella sativa	Fumigant Toxicity against *T. castaneum. Trogoderma granarium, Cryptolestes ferrugineus* adults	Saleem et al 2014
Citrus limonum	Fumigant toxicity against adults of *Tenebrio molitor*	Wang et al. 2015
Cymbopogon citrates	Fumigant toxicity against adults of *T. molitor*	Wang et al. 2015
Litsea cubeba	Fumigant toxicity against adults of *T. molitor*	Wang et al. 2015
Muristica fragrans	Fumigant toxicity against adults of *T. molitor*	Wang et al. 2015
Allium sativa	Fumigant toxicity against adults of *S. oryzae*	Chaubey 2016a
Cinnamomum tamala	Fumigant Toxicity against *S. oryzae* adults	Chaubey 2016b

5.6. COMO INIBIDORES DE CRESCIMENTO:

Muitos óleos essenciais e os seus constituintes foram investigados e estabelecidos quanto às suas actividades inibidoras da postura de ovos, do crescimento e da produção de descendentes contra diferentes insectos pragas.

5.6.1. INIBIDORES DA PRODUÇÃO DE DESCENDÊNCIA:

A toxicidade fumigante do óleo essencial das folhas de *Cymbopogon flexuosus* foi investigada na produção de descendência de *R. dominica, S. oryzae* e *T. castaneum*. Este óleo mostra uma elevada eficácia contra *R. dominica* e *S. oryzae* (Tewari e Tewari 2008). Do mesmo modo, o óleo essencial de *Clausena anisata* e uma mistura do mesmo com argila foram investigados quanto à sua atividade inseticida e aos efeitos na produção de descendentes. O pó de argila aromatizado, bem como o óleo essencial, reduzem a produção de insectos da progenitura de F_1 (Ngomo et al. 2008). A atividade dos óleos essenciais de *Cymbopogon martini, Piper aduncum, P. hispidinervium, Melaleuca sp.* e *Lippia gracilis* e os óleos fixos de *Helianthus annuus, Sesamum indicum, Gossypium hirsutum, Glycine max* e *Caryocar brasiliense* foram estudados contra *C. maculatus*. Estes óleos, exceto *Melaleuca* sp., reduzem a viabilidade dos ovos e a emergência dos adultos para aproximadamente 100% (Pereira et al. 2008). Os óleos essenciais de *C. cyminum, P. nigrum, F. vulgare, T. ammi, A. graveolens, I. verum, M. fragrans* e *N. sativa reduzem a* taxa de eclosão de ovos, a pupação e a emergência de adultos quando fumigados com concentrações subletais. O óleo essencial de *N. sativa* foi considerado o mais eficaz, seguido dos óleos de *A. graveolens, C. cyminum, I. verum, P. nigrum, M. fragrans* e *T. ammi* (Chaubey 2008).

Bachrouch et al. (2010) testaram a fecundidade e a taxa de eclosão de *Ectomyelois ceratoniae* e *Ephestia kuehniella* expostas ao óleo essencial *de Pistacia lentiscus*. A fecundidade e a taxa de eclosão de ambos os insectos diminuem' com o aumento da concentração ou do tempo de exposição ao óleo. O óleo essencial de *P. lentiscus* é tóxico para os ovos de *E. kuehniella* e *E. ceratoniae*. Os óleos essenciais dos rizomas de *Z. officinale* e das bagas de *P. cubeba* foram avaliados quanto a actividades inibidoras do desenvolvimento contra *T. castaneum*. A fumigação com concentrações subletais destes óleos essenciais reduziu o potencial de oviposição dos adultos e inibiu o desenvolvimento das larvas em pupas e das pupas em adultos (Chaubey 2011). O óleo essencial de

A. sativum foi avaliado quanto às suas actividades inibidoras da oviposição contra *T. castaneum*. O *A. sativum* reduz o potencial de oviposição dos adultos quando tratado pelo método fumigante e pelo método de contacto (Chaubey 2013).

5.6.2. INIBIDORES DE INIBIÇÃO DO DESENVOLVIMENTO:

Vários óleos essenciais e os seus constituintes têm propriedades semelhantes às da hormona juvenil e actuam como reguladores do crescimento dos insectos (Quadro 9). O 1,8-cineol isolado de *Artemisia annua* é também um potencial aleloquímico inseticida que pode reduzir a taxa de crescimento, o consumo de alimentos e a utilização de alimentos em algumas pragas pós-colheita (Klocke et al. 1989; Obeng e Reichmuth 1997).

QUADRO 9. ÓLEOS ESSENCIAIS COM ACTIVIDADE REGULADORA DO CRESCIMENTO DOS INSECTOS (IGR)

Espécies vegetais	Espécies de insectos	Referência
Trachyspermum ammi	*T. castaneum*	Chaubey 2007a
Anethum graveolens	*T. castaneum*	Chaubey 2007a
Cuminum cyminum	*T. castaneum*	Chaubey 2007b
Piper nigrum	*T. castaneum*	Chaubey 2007b
Foeniculum vulgare	*T. castaneum*	Chaubey 2007b
Carum copticum	*C. maculatus*	Sahaf e Moharamipour 2008
Anethum graveolens	*C. chinensis*	Chaubey 2008
Cuminum cyminum	*C. chinensis*	Chaubey 2008
Illicium verum	*C. chinensis*	Chaubey 2008
Myristica fragrans	*C. chinensis*	Chaubey 2008
Nigella sativa	*C. chinensis*	Chaubey 2008
Piper nigrum	*C. chinensis*	Chaubey 2008
Trachyspermum ammi	*C. chinensis*	Chaubey 2008
Ageratum conyzoides	*C. maculatus*	Aboua et al. 2010
Citrus aurantifolia	*C. maculatus*	Aboua et al. 2010
Melaleuca quinquenervia	*C. maculatus*	Aboua et al. 2010
Paraíso dos citrinos	*R. dominica*	Abbas et al. 2012
Citrus reticulate	*R. dominica*	Abbas et al. 2012
Zingiber officinale	*T. castaneum*	Chaubey 2012
Piper cubeba	*T. castaneum*	Chaubey 2012
Allium sativum	*T. castaneum*	Chaubey 2013

O óleo essencial de *C. schoenanthus* mostrou inibição do desenvolvimento em todas as fases de *C. maculatus* (Ketoh et al. 2006). O óleo essencial de *Hyptis spicigera* foi avaliado quanto a actividades insecticidas em *C. maculatus*. O óleo essencial tem um efeito inseticida dependente da dose, enquanto as doses subletais são repelentes para os adultos e reduzem a viabilidade dos ovos de oviposição com doses crescentes. O óleo essencial mostra letalidade em larvas que se desenvolvem dentro de sementes de feijão-frade; e os instares mais jovens são mais susceptíveis (Sanon et al. 2006). A toxicidade fumigante dos óleos essenciais de *Laurus nobilis* e *R. officinalis foi* avaliada contra todas as fases de desenvolvimento de *T. confusum*. O principal componente de ambos os óleos é o 1,8-cineol. Os dois óleos essenciais são tóxicos para todas as fases do inseto (Isikber et al. 2006). Os óleos essenciais de *C. cyminum, P. nigrum, F. vulgare, T. ammi, A. graveolens, I. verum, M. fragrans* e *N. sativa* causam a morte de larvas e adultos de *T. castaneum* por fumigação. Estes óleos essenciais reduzem o potencial de oviposição e aumentam o período de desenvolvimento do *T. castaneum*. A fumigação destes óleos essenciais inibe o desenvolvimento das larvas em pupas e das pupas em adultos e também resulta em deformidades nas diferentes fases de desenvolvimento do inseto (Chaubey 2007a,b; Shukla et al. 2008). Causam perturbações no crescimento e afectam a reprodução dos insectos. Os óleos essenciais de *M. fragrans, N. sativa, P. nigrum* e *T. ammi induziram* alterações no crescimento e na reprodução de *C. chinensis* (Chaubey 2008). A dissuasão da oviposição foi registada quando os óleos essenciais de *C. copticum* e *Vitex pseudonegundo* foram aplicados em *C. maculatus* (Sahaf et al. 2008). O óleo de *Elettaria cardamomum demonstrou* um efeito de dissuasão da oviposição em *C. maculatus*. Por conseguinte, o tratamento com este óleo essencial reduz o número de insectos no grão tratado (Abbasipour et al. 2011).

As actividades inibidoras do desenvolvimento do α-pineno e do β-cariofileno, isoladamente ou em combinação binária, foram determinadas contra larvas de 4th instares de *T. castaneum*. A percentagem de larvas transformadas em pupas e a percentagem de pupas transformadas em adultos diminuíram quando fumigadas com concentrações subletais de α-pineno e β-cariofileno isoladamente ou em combinação binária. Os resultados indicam que o α-pineno e o β-cariofileno em combinação binária apresentam sinergismo e reduzem a pupação e a emergência de adultos em *T. castaneum* (Chaubey 2012).

Abbas et al. (2012) relataram que o óleo essencial de *C. reticulata* inibe o crescimento e a pupação de *R domonica*. Vários óleos essenciais são bons inibidores da oviposição da praga, perturbando o crescimento geral das populações. O óleo essencial de *A. sativum* foi avaliado quanto às suas actividades inibidoras do desenvolvimento contra *T. castaneum*. O óleo essencial de *A. sativum* interfere com os processos de desenvolvimento e reduz a transformação de larvas em pupas e a emergência de adultos (Chaubey 2013). Esta perturbação no crescimento dos insectos pode dever-se à inibição de diferentes processos biossintéticos dos insectos em diferentes fases de crescimento. Estes estudos revelaram bons resultados para a utilização de concentrações/doses subletais de óleos essenciais e dos seus constituintes na redução da postura de ovos e da eclodibilidade, da produção de descendentes e da inibição do crescimento.

5.7. MODO DE ACÇÃO DOS ÓLEOS ESSENCIAIS:

Os óleos essenciais derivados de plantas e os seus constituintes foram descritos como insecticidas (Watanabe et al. 1990; Rice e Coats 1994; Lee et al. 1997). Assim, as doses ou concentrações de óleos essenciais e dos seus constituintes necessárias para matar os insectos nocivos e o seu mecanismo de ação são importantes para a segurança dos seres humanos e de outros vertebrados não vertebrados. A toxicidade dos óleos essenciais nos insectos parece ser o resultado de efeitos principalmente no sistema nervoso dos insectos, quer por inibição da acetilcolinesterase quer por antagonismo dos receptores de octopamina (Coats et al. 1991; Kostyukovsky et al. 2002). A ação rápida contra algumas pragas é indicativa de um modo de ação neurotóxico semelhante ao dos insecticidas sintéticos convencionais. Vários relatórios indicam que os óleos essenciais e os monoterpenóides causam a mortalidade dos insectos através da inibição da atividade da enzima acetilcolinesterase. Ryan e Byrne (1988) sugeriram que o efeito tóxico pode ser atribuído à inibição competitiva reversível da acetilcolinesterase por ligação ao sítio ativo da enzima. Chaubey (2013, 2016) relatou que o óleo essencial de *A. sativum* inibe a atividade da enzima acetilcolinesterase em adultos de *T. castaneum* e *S. oryzae*. Foi demonstrado que o linalol, um monoterpenóide, actua no sistema nervoso, afectando o transporte de iões e a libertação de acetilcolina esterase em insectos (Re et al. 2000). A octopamina tem um amplo espetro de funções biológicas nos insectos, actuando como neurotransmissor, neuro-hormona e neuro-hormonauromodulador circulante (Evans 1980; Hollingworth et al. 1984). A octopamina exerce os seus efeitos através da interação com pelo menos duas classes de receptores. Com base nos efeitos farmacológicos, estes foram designados por octopamina-1 e octopamina-2 (Evans 1981). A interrupção do funcionamento da octopamina provoca a rutura total do sistema nervoso dos insectos. Por conseguinte, o sistema octopaminérgico dos insectos representa um alvo para o controlo dos insectos. A ausência de receptores de octopamina nos vertebrados explica a seletividade dos óleos essenciais como insecticidas para os mamíferos. Foi demonstrado que uma série de compostos de óleos essenciais actuam no sistema octopaminérgico dos insectos (Enan et al. 1998). Enan (2001) sugeriu que a toxicidade dos óleos essenciais/constituintes está relacionada com o sistema nervoso octopaminérgico dos insectos. Kostyukovsky et al. (2002) mostraram a atividade de dois constituintes do óleo essencial, ZP-51 e SEM-76 em várias espécies de insectos. Tanto o ZP-51 como o SEM-76 mostraram uma ação inibitória sobre a acetilcolinesterase, mas apenas a uma dose elevada.

Os óleos essenciais podem também perturbar a comunicação no comportamento de acasalamento dos insectos, bloqueando a função das sensilas antenais e provocando o insucesso do acasalamento. Isto pode levar a uma fecundidade mais baixa e, em última análise, a uma diminuição da população de insectos praga (Ahmed et al. 2001). A toxicidade fumigante do óxido de cariofileno pode resultar da inibição do sistema de transporte de electrões mitocondrial, porque as alterações na concentração de oxigénio ou de dióxido de carbono podem afetar a taxa de respiração dos insectos, provocando assim efeitos tóxicos fumigantes (Emekci et al. 2004). Assim, em conclusão, os óleos essenciais derivados de plantas e os seus constituintes exercem a sua toxicidade nos insectos interferindo com a coordenação nervosa e o sistema respiratório.

5.8. ACÇÃO SINÉRGICA DOS ÓLEOS ESSENCIAIS

O controlo químico das pragas de insectos utilizando insecticidas sintéticos induziu a resistência de vários insectos a esses insecticidas. Assim, hoje em dia, o objetivo das estratégias de controlo de pragas é criar formulações à base de plantas que reduzam o risco de desenvolvimento de resistência aos insecticidas. Nenhum dos produtos vegetais, por si só, proporciona uma proteção adequada das culturas, mas já foram iniciadas tentativas nesse sentido. Uma demonstração tão direta da utilidade das preparações botânicas aumenta a confiança dos agricultores na tecnologia indígena (Isman 2008).

Embora a atividade repelente dos óleos essenciais seja geralmente atribuída a alguns compostos específicos, um fenómeno sinérgico entre estes metabolitos pode resultar numa bioatividade mais elevada em comparação com os componentes isolados (Hummelbrunner e Isman 2001; Gillij et al. 2008). Omolo et al. (2004) compararam as actividades repelentes entre o óleo essencial e os óleos sintéticos formulados com os seus constituintes principais. Para alguns desses óleos, as actividades foram muito menores do que as do óleo essencial natural correspondente. Isto indica que os constituintes menores também contribuem para a atividade repelente. Isto reflecte a importância da complexidade da composição para conferir bioatividade às misturas de terpenóides naturais. Foi sugerido que isto se deve ao facto de as plantas apresentarem normalmente defesas como um conjunto de compostos e não como compostos individuais. Assim, os constituintes menores, embora encontrados em baixas percentagens, podem atuar como sinergistas, aumentando a eficácia dos constituintes maiores através de uma variedade de mecanismos (Berenbaum 1985).

Os componentes das combinações sinérgicas têm múltiplos modos de ação e, por isso, a eficácia do produto combinado é maior do que a soma total dos componentes químicos conhecidos e desconhecidos. Tanto o sinergismo positivo como o negativo podem ocorrer entre o óleo essencial e/ou os componentes. Foi demonstrada a atividade sinérgica de combinações de óleos essenciais como o tomilho, o anis e o açafrão (Youssef 1997). Hummelbrunner e Isman (2001) relataram que misturas de diferentes monoterpenos produzem um efeito sinérgico na mortalidade. Chaubey (2011) relatou que a mistura de óleos essenciais de *T. ammi, A. graveolens* e *N. sativa* causa redução na oviposição e actividades inibidoras do desenvolvimento contra *T. castaneum* a uma concentração mais baixa do que isoladamente. Os terpenos, a-pineno e ß-cariofileno foram avaliados quanto às suas actividades repelentes, de toxicidade aguda e inibidoras do desenvolvimento, isoladamente e em combinação binária, contra *T. castaneum*. A fumigação de larvas e adultos de *T. castaneum* com estes dois compostos causou-lhes letalidade. A concentração letal mediana da combinação binária de α-pineno e β-cariofileno contra adultos e larvas foi considerada mais baixa do que quando utilizada isoladamente. A fumigação com duas concentrações subletais destes dois compostos em combinação binária reduz o potencial de oviposição dos adultos e inibe a pupação e a emergência de adultos nas larvas de forma mais potente do que quando utilizados isoladamente. Este estudo conclui que estes dois compostos voláteis em combinação binária mostram sinergismo e, por conseguinte, podem ser utilizados como ferramenta inseticida eficiente contra *T. castaneum* (Chaubey 2012). Uma vez que os óleos essenciais são uma mistura de 20-60 compostos químicos de natureza diversa, será difícil para os insectos desenvolverem resistência contra eles. Isto também sugere que os constituintes do óleo essencial por si só podem ser um candidato mais fraco do que o óleo essencial bruto no programa de gestão de pragas de insectos.

5.9. RELAÇÕES ESTRUTURA-ACTIVIDADE EM COMPONENTES DE ÓLEOS ESSENCIAIS:

Foi estudada a relação entre as estruturas químicas dos constituintes do óleo essencial e a sua atividade biológica. Foi relatado que uma ligeira alteração na estrutura molecular pode alterar a sua atividade biológica. Por exemplo, as modificações da estrutura química dos monoterpenóides levam ao aumento das propriedades biológicas dos óleos essenciais como um todo, bem como dos monoterpenóides que contêm os grupos funcionais. As actividades dos óleos essenciais e dos seus constituintes dependem do grupo funcional e das propriedades químicas, como a volatilidade e os pesos moleculares (Kumbhar e Dewang 2001).

Os investigadores estudaram a correlação entre a estrutura química dos constituintes dos óleos essenciais e a sua atividade inseticida. O óleo essencial de *M. arvensis* foi descrito como tendo atividade inseticida. O L-mentol isolado deste óleo essencial e sete dos seus derivados acílicos foram avaliados contra pragas de insectos de cereais armazenados. Foi referido que o propionato de mentol e o L-mentol tinham uma elevada atividade inseticida. A elevada atividade dos derivados (propionato de mentol) em comparação com o L-mentol pode dever-se ao aumento do número de grupos metilo na cadeia lateral (Aggarwal et al. 2001). Devido às propriedades nucleofílicas do grupo metilo, o aumento do número de grupos metilo na cadeia lateral provoca uma diminuição da carga positiva (aumento da carga negativa) no átomo de carbono. Por conseguinte, a elevada atividade do propionato de menta pode dever-se ao aumento da carga negativa no átomo de carbono devido à presença de dois grupos metilo. No entanto, o aumento de grupos electrofílicos como os grupos metilo na cadeia leva ao aumento da atividade de um átomo de carbono funcional.

Consoante o número de grupos metilo, o derivado acetato tem uma atividade ligeira, enquanto o propionato de menthilo tem uma atividade inseticida elevada. Observou-se uma baixa atividade do benzoato de mentilo porque não tem grupo metilo e o anel de benzeno está ligado diretamente ao carbono de mentilo. A atividade do cinamato de mentol foi considerada moderada porque tem uma ligação dupla e o anel de benzeno não está diretamente ligado ao átomo de carbono (Tripathi et al. 2009; Aggarwal et al. 2001). Os derivados do benzeno (eugenol, isoeugenol, metil eugenol, safrol e isosafrol) e os terpenos (cineol, limoneno, p-cimina e α-pineno) foram testados quanto à sua atividade inseticida (Ngoh et al. 1998). Observou-se que os derivados do benzeno têm maior atividade inseticida do que os terpenos. Esta toxicidade pode dever-se aos grupos activos que se encontram nos derivados do benzeno. Por exemplo, a atividade inseticida do eugenol e dos seus análogos químicos isoeugenol e metil eugenol. A presença de uma ligação dupla na cadeia lateral do anel aromático e a substituição do grupo metoxi desempenham um papel importante na toxicidade destes análogos. Verificou-se que a atividade de eliminação e de contacto aumenta no metil-eugenol devido ao grupo metoxi adicional. A ordem de toxicidade de contacto destes compostos observada é metil-eugenol > isosafrole = eugenol > safrole. Em contrapartida, quando a ligação dupla da cadeia lateral está mais próxima do anel aromático, a toxicidade do fumigante diminui. Por conseguinte, o safrol apresenta uma maior atividade fumigante do que o isosafrol. No entanto, os derivados do benzeno têm mais atividade inseticida do que os monoterpenos (Ngoh et al. 1998). A atividade inseticida do timol, da pulegona, do trans-anetol e do eugenol foi avaliada contra *S. litura* (Hummelbrunner e Isman, 2001). O timol tem uma toxicidade mais elevada do que a pulegona, o trans-anetole e o eugenol contra *S. litura*. A ordem de toxicidade destes compostos observada é timol > pulegona > trans-anetole > eugenol. O elevado efeito tóxico do timol, em comparação com outros compostos, foi atribuído à presença de grupos metilo na cadeia lateral. Este efeito pode ser devido à propriedade de electrondonização dos grupos metilo, que diminui a carga positiva no átomo de carbono da cadeia lateral. São necessárias mais investigações que envolvam a estrutura-atividade para aumentar a potência inseticida do óleo essencial. Devem ser realizados mais estudos para investigar se a alteração da estrutura dos constituintes do óleo essencial pode modificar o modo de ação.

5.10. TOXICIDADE DOS ÓLEOS ESSENCIAIS PARA OS MAMÍFEROS:

Antes de utilizar os óleos essenciais e/ou os seus constituintes como protectores de grãos armazenados, deve reconhecer-se a sua provável toxicidade para os animais não visados, incluindo os mamíferos. A utilização comum de óleos essenciais de plantas em medicamentos e alimentos indica claramente que os óleos essenciais apresentam uma toxicidade insignificante para os mamíferos. Em geral, a maioria dos óleos essenciais e os seus constituintes activos não são tóxicos para os mamíferos (Isman et al. 2011). No entanto, alguns óleos essenciais/constituintes são tóxicos para o ser humano e outros mamíferos. O LD_{50} para constituintes tóxicos contra ratos varia entre 800 e 3.000 mg kg^{-1} . A pulegona isolada do óleo de poejo foi considerada tóxica para ratos com DL$_{50}$ 150 mg kg^{-1} intraperitoneal (Anderson et al. 1996). Além disso, a tujona do óleo de absinto é muito tóxica para os ratos com DL$_{50}$ 45 mg kg^{-1} por via intraperitoneal (Hold et al. 2000). Alguns dos constituintes do óleo essencial com toxicidade contra mamíferos e o seu LD$_{50}$ são apresentados no quadro 10.

QUADRO 10. TOXICIDADE DOS CONSTITUINTES DOS ÓLEOS ESSENCIAIS PARA OS MAMÍFEROS

Composto	Testado em animais	Rota	LD$_{50}$ (mgkg)$^{-1}$
2-Acetonaftona	Ratos	Oral	599
Apiol	Cães	Intravenosa	500
Anisaldeído	Ratos	Oral	1510
trans-Anethole	Ratos	Oral	2090
(+) Carvone	Ratos	Oral	1640
1,8-Cineol	Ratos	Oral	2480
Cinamaldeído	Porquinhos-da-índia	Oral	1160
	Ratos	Oral	2220
Citral	Ratos	Oral	4960
Dillapiol	Ratos	Oral	1000-1500
Eugenol	Ratos	Oral	2680
3-Isotujona	Ratos	Subcutâneo	442.2
d-Limoneno	Ratos	Oral	4600
Linalol	Ratos	Oral	> 1000
Maltol	Ratos	Oral	2330
Mentol	Ratos	Oral	3180
2-Metoxifenol	Ratos	Oral	725
Metil chavicol	Ratos	Oral	1820
Metil eugenol	Ratos	Oral	1179
Mirceno	Ratos	Oral	5000
Pulegone	Ratos	Intraperitoneal	150
Terpineno	Ratos	Oral	1680
Terpinen-4-ol	Ratos	Oral	4300
Tujona	Ratos	Subcutâneo	87.5
Timol	Ratos	Oral	1800
	Ratos	Oral	980

Fonte: Dev e Koul (1997); FAO (1999); Koul (2005)

Sendo uma mistura de vários constituintes, os óleos essenciais parecem não ter objectivos celulares específicos (Carson et al. 2002). Uma vez que são de natureza lipofílica, atravessam a parede celular e a membrana citoplasmática e perturbam a estrutura da membrana, conduzindo à citotoxicidade. Nas células eucarióticas, os óleos essenciais podem induzir a despolarização das membranas mitocondriais, diminuindo o potencial da membrana ao interferir com vários canais iónicos (Richter e Schlegel 1993; Novgorodov e Gudz 1996; Vercesi et al. 1997). Alteram a fluidez das membranas, que se tornam anormalmente permeáveis, resultando na fuga de radicais, citocromo C, iões de cálcio e proteínas, o que conduz a um stress oxidativo e a uma falha bioenergética. A permeabilidade das membranas mitocondriais externa e interna conduz à morte celular por apoptose e necrose (Yoon et al. 2000; Armstrong 2006). Esta propriedade citotóxica é de grande importância nas aplicações de óleos essenciais na gestão de pragas de insectos. As actividades citotóxicas dos óleos essenciais ou dos seus componentes principais em células de mamíferos podem ser activadas pela luz (Dijoux et al. 2006; Chung et al. 2007; Slamenova et al. 2007). A citotoxicidade dos óleos essenciais em células de mamíferos é causada pela indução de apoptose e necrose. Uma vez que se verificou que a maioria dos óleos essenciais são citotóxicos sem serem mutagénicos, é provável que a maioria deles seja também desprovida de carcinogenicidade. No entanto, alguns óleos essenciais ou alguns dos seus constituintes são considerados agentes cancerígenos secundários após ativação metabólica (Guba 2001). Os óleos essenciais de *Salvia sclarea* e *Melaleuca quinquenervia* induzem secreções de estrogénio que podem resultar em cancros dependentes do estrogénio. Alguns outros contêm moléculas fotossensibilizadoras como flavinas, cianinas, porfirinas e hidrocarbonetos que podem causar cancro da pele. O estragol, um constituinte dos óleos essenciais de *Ocimum basilicum* e *Artemisia dracunculus,* demonstrou propriedades carcinogénicas na ratazana e no rato (Miller et al. 1983; Anthony et al. 1987). O psoraleno, uma molécula fotossensibilizadora presente em alguns óleos essenciais como o de *Citrus aurantium,* pode induzir o cancro da pele após a formação de aductos covalentes de ADN sob luz ultravioleta A ou solar (Averbeck e Averbeck 1998). A pulegona, um componente dos óleos essenciais de muitas espécies de menta, pode induzir a carcinogénese (Zhou et al. 2004). O safrol, o principal constituinte dos óleos essenciais de *Sassafras albidum* e *Mespilodaphne pretiosa induz* metabolitos carcinogénicos em roedores (Burkey et al. 2000; Liu et al. 2000). O metileugenol dos óleos essenciais de *Laurus nobilis* e *Melaleuca leucadendron* também demonstrou ser carcinogénico em roedores (Burkey et al. 2000).

O aspeto mais atrativo da utilização de óleos essenciais e/ou dos seus constituintes para o controlo de pragas é a avaliação da sua toxicidade em mamíferos, uma vez que muitos óleos essenciais e os seus constituintes são habitualmente utilizados como ervas e especiarias culinárias. Muitos dos produtos comerciais, incluindo os óleos essenciais, estão incluídos na lista GRAS (Generally Recognized As Safe) totalmente aprovada pela FDA (Food and Drug Administration) e pela EPA (Environmental Protection Agency) nos EUA para consumo alimentar e alimentar (EPA, 1993). Alguns dos constituintes terpenóides purificados dos óleos essenciais são moderadamente tóxicos para os mamíferos, mas, com poucas excepções, os próprios óleos ou os produtos à base de óleos não são, na sua maioria, tóxicos para os mamíferos, aves e peixes. Devido à sua volatilidade, os óleos e os seus constituintes são ambientalmente não persistentes, com meias-vidas exteriores de 24 horas em superfícies, no solo e na água (Isman el al. 2011). Dado que muitos produtos pesticidas convencionais caem em desgraça junto do público, os pesticidas à base de plantas, especialmente os óleos essenciais, devem tornar-se uma escolha cada vez mais popular para o controlo de insectos no armazenamento.

5.11. INSECTICIDAS À BASE DE ÓLEOS ESSENCIAIS, DA INVESTIGAÇÃO AO MERCADO:

Desde tempos imemoriais, com o início da civilização humana e o armazenamento de cereais contra a má produção agrícola e a fome, as espécies de insectos têm vindo a danificar os cereais armazenados. Para proteger os grãos armazenados da infestação de insectos, as plantas aromáticas têm sido utilizadas tradicionalmente em todo o mundo.

Assim, as comunidades científicas começaram a reavaliar estas plantas e os seus óleos voláteis contra os insectos que atacam os grãos armazenados. A utilização de óleos essenciais e substâncias activas comuns como inseticida demora muito tempo, uma vez que são necessários determinados testes toxicológicos e ecotoxicológicos para registar produtos comerciais. As tecnologias EcoSMART nos EUA introduziram alguns pesticidas à base de óleos essenciais (Isman et al. 2011).

Estas formulações são baseadas em óleo de canela com cinamaldeído (concentrado emulsionável a 30%). As tecnologias EcoSMART introduziram outros insecticidas à base de voláteis de plantas EcoPCO[R]. Estes contêm eugenol e propionato de 2-fenetilo como ingredientes activos. São utilizados contra insectos rastejantes e voadores. A formulação EcoTrol[TM] baseia-se no óleo de alecrim como ingrediente ativo e é utilizada como inseticida/miticida em culturas hortícolas. Foi também produzido nos EUA um inseticida à base de óleo de alho. Estas formulações contêm óleo de menta como ingrediente ativo. São utilizadas em casa e no jardim para o controlo de pragas (Isman et al. 2006). No entanto, os óleos essenciais devem ter as seguintes propriedades para serem utilizados no programa de gestão de pragas de insectos (Isman et al. 2011):

• O óleo essencial deve ser produzido em grande escala em todo o mundo.

• Devem ter uma ampla atividade contra os insectos devido aos seus múltiplos modos e locais de ação.

• Devem ter uma variedade de acções, tais como inseticida, atrativo, repelente, fumigante e antifeedante.

• Os óleos essenciais e os seus componentes activos não devem ser tóxicos para os mamíferos, incluindo o homem.

• Devido à sua volatilidade, os óleos e os compostos activos devem ser não persistentes do ponto de vista ambiental.

- Devem ser eficazes sob baixa pressão de pragas.

- Devem ter uma semi-vida residual curta nas plantas.

Apesar das actividades promissoras dos óleos essenciais contra vários insectos, foram registados alguns problemas. Por exemplo, a volatilidade dos óleos essenciais, a solubilidade em água e a oxidação desempenham um papel importante na atividade, aplicação e persistência dos óleos essenciais. Por conseguinte, estes problemas devem ser resolvidos antes de utilizar os óleos essenciais como uma alternativa aos pesticidas sintéticos para o controlo de pragas (Marrio et al. 2002). Novas formulações com nanotecnologia "Nanoformulação" podem resolver estes problemas. A nova tendência para a utilização da nanoformulação permite proteger os óleos essenciais da degradação e aumentar a sua meia-vida residual, reduzindo a evaporação. As nanoformulações têm propriedades de libertação controlada de óleos essenciais e facilidade de aplicação e manuseamento (Martn et al. 2010). Estas nanoformulações podem aumentar a atividade dos óleos essenciais devido ao pequeno tamanho das partículas. Yang et al. (2009) demonstraram que as nanopartículas carregadas com óleos essenciais de alho são activas no controlo de *T. castaneum*. Anjali et al. (2010) relataram que a atividade inseticida do óleo de nim foi aumentada na formulação de nanoemulsão. Este efeito pode ser devido ao tamanho mais pequeno das gotículas do óleo essencial de nanoemulsão. Foram planeados novos métodos nanotecnológicos para controlar a *H. armigera* (Vinutha et al. 2013). Este novo método estabiliza o óleo de *Artemisia arborescens* com melhor atividade inseticida. Esta estabilidade pode ser devida à incorporação de óleo essencial com nanopartículas lipídicas sólidas e ao desenvolvimento de uma emulsão. A nanoencapsulação de óleos essenciais mostrou uma elevada atividade repelente do que os óleos essenciais (Negahban et al. 2014).

A análise de algumas patentes recentes que envolvem óleos essenciais mostrou que a maioria das invenções se centrava em utilizações domésticas. Uma solução de limpeza que inclui óleos essenciais de cravinho e piretróide destrói os ovos e as larvas e deixa um resíduo para evitar a reinfestação por *Blattaria* (Heinmenberg 1992). Foram propostas várias formulações para controlar os mosquitos e as moscas; algumas delas associam óleos essenciais a piretróides (Liang 1988; Kono et al. 1993), embora o óleo essencial de eucalipto tenha sido utilizado como inseticida sinérgico, para além de inibidores de crescimento (Narasaki et al. 1987). Os óleos essenciais de casca de hortelã, amêndoa amarga e bétula, *Betula lenta* (Betulaceae) foram incorporados numa mistura com propriedades acaricidas, inseticidas e repelentes de insectos (Matsumoto et al. 1987). Algumas patentes são dedicadas à proteção de animais domésticos. Foi fabricada uma coleira antipulgas para cães de estimação através da adição de óleos essenciais (eucalipto, cedro, citronela e hortelã-pimenta) ao polímero de etileno-acetato de vinilo numa mistura (Seto 1987). Foi desenvolvido um repelente sistémico de insectos contendo óleo essencial de alho para proporcionar uma proteção contínua contra pulgas, carraças e outras pragas que se alimentam de sangue; um nível sanguíneo suficiente assegura uma repelência contínua dos insectos (Weisler 1987).

No entanto, um grande número de patentes foi atribuído à preservação de vestuário contra traças e escaravelhos, incluindo a aplicação de uma solução contendo óleo essencial de cravinho em tecido de lã (Riedel et al. 1989), papel de filtro contendo óleo essencial de *Juniperus rigida* (Cupressaceae) (Okano 1991) e pastilhas de p-diclorobenzeno adicionadas com óleos essenciais (Okano et al. 1992). Mais recentemente, foram criados tecidos resistentes a insectos, resistentes à lavagem, com fibras porosas parcial ou totalmente ocas, revestidas com agentes insecticidas encapsulados, como o óleo *de eucalipto* (Sano e Une 1993). Para além destas utilizações domésticas, os óleos essenciais têm encontrado aplicações na agricultura e na indústria alimentar. O óleo essencial de mostarda fazia parte de uma formulação de libertação sustentada que continha inseticida, microbicida e substâncias repelentes absorvidas em compostos de sílica e silano utilizados para evitar a infestação de ácaros (Saijo 1989).

Os óleos essenciais também podem ser incorporados com polímeros em folhas. Foram preparadas películas adesivas atractivas com óleos essenciais para controlar insectos na agricultura e na horticultura (Klerk's Plastic Industrie B.V. 1990). Os materiais de revestimento, úteis em estruturas agrícolas e pecuárias, incluem óleos essenciais de pinheiro para melhorar as suas propriedades insecticidas e repelir os insectos nocivos (Feliu Zamora 1990). As colas que contêm polímeros acrílicos e elevados teores de óleos essenciais demonstraram um efeito mortífero para a *Blatella germanica* (Dictyoptera: Blatellidae) (Yamaguchi et al. 1989). Os óleos essenciais também mostraram alguma utilidade para os materiais de construção. Uma solução de proteção da madeira que mistura óleos essenciais de eucalipto com piretróides e bórax tem aplicações comuns (Urabe 1992). A resistência dos painéis folheados a insectos é melhorada através de uma impregnação profunda da camada de polímero com óleos essenciais de hiba ou kinoki (Akita 1991; Tsubochi e Sugimoto 1992). Todas estas aplicações demonstram a versatilidade das aplicações dos óleos essenciais.

CAPÍTULO 6. BIOLOGIA DOS INSECTOS PRAGAS COMUNS DOS CEREAIS ARMAZENADOS

Foi sugerido que um inseto se torna uma praga económica quando causa uma perda de rendimento de 5-10%. Em qualquer complexo local de pragas, existem normalmente algumas pragas principais e várias pragas menores. Estas pragas principais causam a maior parte dos danos e, por conseguinte, o seu controlo é urgentemente necessário. A mais grave das pragas principais é frequentemente designada como praga-chave. Normalmente, há apenas uma ou duas pragas-chave em cada agro-ecossistema. Estas pragas têm, normalmente, um elevado potencial de reprodução e um bom mecanismo de sobrevivência. Geralmente, algumas pragas são encontradas em abundância durante uma época de colheita (pragas regulares), enquanto outras podem assumir o estatuto de praga ocasionalmente em certos anos (pragas esporádicas). Alguns parasitas causam normalmente danos negligenciáveis, mas podem tornar-se altamente destrutivos se as condições ambientais lhes forem favoráveis (parasitas potenciais).

Pragas-chave: São as que causam mais danos, constituindo uma ameaça persistente e perene para as culturas e não podendo ser controladas com a tecnologia disponível. Os bichos-da-farinha do algodão, a traça-das-costas, a broca da vagem do grão-de-bico, a broca da cana-de-açúcar e alguns vectores são pragas-chave comuns.

Principais pragas: Estas exigem um controlo repetido, mas os prejuízos económicos podem ser evitados através de uma intervenção atempada. As pragas sugadoras mais importantes, como o pulgão do algodão e a mosca branca, a cigarrinha castanha e a cigarrinha do arroz, a mosca branca da cana-de-açúcar e a cochonilha, incluem-se nesta categoria. A broca do caule do arroz, o mosquito da galha e o dobrador de folhas são também pragas importantes.

Pragas menores: Estes são facilmente passíveis de medidas de controlo disponíveis e uma única aplicação de pesticida é geralmente suficiente. As palhetas do algodão, o gorgulho cinzento, a hispa do arroz e o gorgulho das raízes, as cochonilhas da cana-de-açúcar e a *Spodoptera litura* nas culturas oleaginosas e hortícolas são pragas menores.

Pragas esporádicas: A população destes parasitas é geralmente insignificante mas, em condições ambientais favoráveis, pode assumir uma forma quase epidémica, exigindo estratégias de gestão adequadas. São altamente sensíveis às condições abióticas e, uma vez terminadas as condições favoráveis, apenas uma população residual sobrevive. Muitas pragas esporádicas, como as larvas brancas, as lagartas peludas, os vermes de corte e os gafanhotos, são polífagas. Mas algumas pragas oligófagas, como a pirilla da cana-de-açúcar, também podem ser esporádicas por natureza.

Pragas potenciais: Atualmente, não causam danos económicos e, por isso, não devem ser rotuladas como pragas. Qualquer alteração no ecossistema, por exemplo relacionada com o padrão de cultivo ou as práticas culturais, e a utilização indiscriminada de pesticidas químicos contra outras pragas, pode fazer com que as pragas potenciais se tornem pragas graves.

A maior parte dos insectos presentes nos cereais armazenados pode ser dividida em duas categorias:

Pragas primárias (que se alimentam internamente): Estes insectos põem os seus ovos dentro ou sobre os grãos e as larvas desenvolvem-se no interior dos grãos. As pragas primárias mais comuns encontradas nos cereais armazenados são os gorgulhos (gorgulho do arroz, gorgulho do milho, gorgulho do grão) e a traça do grão de Angoumois. Os gorgulhos são um grupo único e reconhecível de insectos dos cereais armazenados, porque os seus adultos são pequenos, identificáveis e a cabeça tem um focinho prolongado. Após o acasalamento dos adultos, as fêmeas põem ovos sobre ou dentro de grãos inteiros. As larvas pequenas, brancas, sem pernas e enrugadas alimentam-se e completam o seu desenvolvimento no interior dos grãos. Após o seu desenvolvimento, os adultos emergem dos grãos e repetem o processo, danificando a grande maioria dos grãos armazenados. Outra praga primária encontrada nos grãos armazenados é a broca menor dos grãos. Ao contrário dos gorgulhos, a cabeça da broca de grão menor aponta para baixo e não para a frente e não tem focinho. Tanto o gorgulho como a broca do grão podem ser encontrados em qualquer parte dos armazéns. O terceiro tipo de praga primária é a traça dos cereais de Angoumois. Esta traça põe os seus ovos nos grãos de cereais e as larvas perfuram os grãos e alimentam-se neles. A infestação pela traça do grão de Angoumois pode ocorrer no campo antes da colheita, mas a maior parte dos danos ocorre quando o grão está armazenado. As infestações em armazém ocorrem principalmente nas superfícies superiores da massa de grãos.

QUADRO 11. DIFERENÇA ENTRE PRAGAS DE INSECTOS PRIMÁRIAS E SECUNDÁRIAS DE GRÃOS ARMAZENADOS

Pragas primárias	Pragas secundárias
Atacam e reproduzem-se em grãos de cereais e leguminosas previamente não danificados. Também se alimentam de outros produtos sólidos, mas não granulares, mas raramente têm êxito em géneros alimentícios moídos ou triturados. As pragas primárias são geralmente mais destrutivas do que as pragas secundárias, especialmente no armazenamento a curto prazo.	Estes insectos só podem atacar materiais que tenham sido previamente danificados por outras pragas (pragas primárias) ou por debulha, secagem e manuseamento deficientes. Atacam também produtos transformados, como a farinha e o arroz branqueado, onde podem constituir a maioria dos insectos presentes.
Gorgulho do arroz, *Sitophilus oryzae* **Besouro de Khapra,** *Trogoderma granarium* **Escaravelhos de pulso,** *C. maculatus; C. chinensis; C. analis* **Gorgulho da beterraba,** *Acanthoscelides obtectus* **Besouro do cigarro,** *Lasioderma Serricorne* **Traça dos grãos de Angoumois,** *Sitotroga cerealella*	**Ferrugem Besouro vermelho da farinha,** *T. castaneum; T. confusum* **Traça da amêndoa,** *Ephestia cautella* **Traça do arroz,** *Corcyra cephalonica* **Traça-das-farinhas-da-índia,** *Plodia interpunctella* **Escaravelho dentado do grão,** *Oryzaephilus surinamensis* **Escaravelho do grão chato,** *Cryptolestes minutes* **Escaravelho da farinha de cabeça comprida,** *Latheticus*

	oryzae

Pragas secundárias (alimentadores externos): Estes insectos desenvolvem-se e alimentam-se fora dos grãos de cereais ou alimentam-se dentro de grãos rachados ou danificados. Incluem-se neste grupo o escaravelho da serra, o escaravelho vermelho da farinha, o escaravelho confuso da farinha, o escaravelho plano do grão, o escaravelho enferrujado do grão, o escaravelho comercial do grão e o escaravelho estrangeiro do grão. Pragas secundárias frequentemente designadas por "percevejos do farelo". O tamanho destes escaravelhos varia entre 1/16 e 1/8 de polegada de comprimento, com as asas anteriores endurecidas para formar uma "concha" sobre o corpo. As suas larvas são cilíndricas e de cor creme com três pares de patas perto da cabeça. Algumas espécies têm pêlos finos. Tal como os gorgulhos, as pragas secundárias podem encontrar-se em qualquer ponto da massa de grãos. Alimentam-se de pedaços e fragmentos de vários grãos diferentes. A sua população aumenta geralmente quando e onde há uma grande quantidade de grãos partidos/matéria fina ou crescimento de fungos em grãos húmidos. Por isso, é muito importante controlar a humidade do grão antes do armazenamento, arejar ou secar até atingir níveis de humidade aceitáveis e limpar o grão para remover quaisquer grãos partidos e partículas finas antes do armazenamento, especialmente se o grão for armazenado durante um longo período de tempo.

No programa de gestão de pragas de insectos, é necessário avaliar dois parâmetros comuns, nomeadamente o nível de prejuízo económico (EIL) e o limite económico (ET).

NÍVEL DE PREJUÍZO ECONÓMICO (LEIL): O menor número de insectos ou quantidade de lesões que causará perdas de rendimento iguais aos custos de gestão dos insectos é referido como o nível de prejuízo económico (LEI). O nível mais baixo de prejuízo em que os danos podem ser medidos é designado por limite de dano (DB). O nível de prejuízo económico (EIL) pode ser calculado da seguinte forma

EIL = C/VID

EIL = Número de ferimentos equivalentes por unidade de produção (insectos/ha)

C = Custo da atividade de gestão por unidade de produção (por ha), V = Valor de mercado por unidade de produto (por tonelada), I = Prejuízo para a cultura por densidade de pragas, D = Prejuízo por unidade de prejuízo (redução de toneladas/ha). **LIMIAR ECONÓMICO (ET):** A densidade de pragas a partir da qual devem ser tomadas medidas de gestão para evitar que uma população crescente de pragas atinja o nível de prejuízo económico é designada por nível de limiar económico (LME). O ETL é o índice mais conhecido e mais amplamente utilizado na tomada de decisões de gestão de pragas. Embora expresso em número de insectos, o ETL é, de facto, um parâmetro temporal, sendo o número de pragas utilizado como um índice para determinar o momento de aplicar estratégias de gestão. Tal como o EIL, o ETL também pode ser expresso como um equivalente-inseto. Em termos económicos, o ETL é definido como o nível a que uma população de pragas deve ser reduzida para atingir o ponto em que a receita marginal excede apenas os custos marginais. O ETL é fixado arbitrariamente em cerca de 75 ou 90 por cento do EIL, de modo a que as medidas de controlo necessárias sejam iniciadas a este nível para conter a população de pragas que atinge o EIL.

PRAGAS DE INSECTOS DE GRÃOS ARMAZENADOS

Os grãos armazenados estão sempre sujeitos à infestação por insectos. Temperaturas e humidade ambientais elevadas proporcionam condições adequadas para a infestação e o desenvolvimento de insectos no interior dos grãos, aumentando as perdas de grãos. As infestações em grãos armazenados podem ter origem no campo, através de insectos altamente móveis que deixam o local de armazenamento e voam para os grãos no campo. Podem também deslocar-se para grãos recém-armazenados a partir de campos e grãos infestados nas proximidades. As populações de insectos podem atingir níveis elevados quando não são controladas nas estruturas de armazenagem. Estas áreas devem ser mantidas livres de insectos para reduzir a migração para o grão recém-colhido. O movimento dos insectos dentro da massa de grãos é largamente determinado pelas condições sazonais, pela temperatura e pelo teor de humidade dos grãos. Durante o verão e o outono, as infestações de insectos encontram-se na superfície do grão e distribuem-se em grupos por toda a massa de grãos. Enquanto que no frio, os insectos concentram-se no centro e nas partes inferiores do grão. Isto deve-se ao facto de, no frio (abaixo de 10 a 15^0 C), os insectos não serem móveis.

QUADRO 12. PRAGAS COMUNS DE INSECTOS DOS CEREAIS ARMAZENADOS

S.N.	Nome comum	Nome Zoológico	Encomendar	Família
1	Gorgulho do arroz	*Sitophilus oryzae*	Coleópteros	Curculionídeos
2	Gorgulho do milho	*Sitophilus zeamais*	Coleópteros	Curculionídeos
3	Gorgulho dos cereais	*Sitophilus granarius*	Coleópteros	Curculionídeos
4	Escaravelho da farinha confuso	*Tribolium confusum*	Coleópteros	Tenebrionidae
5	Escaravelho da farinha vermelha	*Tribolium castaneum*	Coleópteros	Tenebrionidae
6	Escaravelho da farinha de cabeça comprida	*Latheticus oryzae*	Coleópteros	Tenebrionidae
7	Escaravelho da farinha deprimido	*Palorus subdepressus*	Coleópteros	Tenebrionidae
8	Verme da farinha menor	*Alphitobius diaperinum*	Coleópteros	Tenebrionidae
9	Escaravelho do fungo preto	*Alphitobius laevigatus*	Coleópteros	Tenebrionidae
10	Verme da refeição	*Tenebrio molitor*	Coleópteros	Tenebrionidae
11	Cadela	*Tenebroides mauritanicus*	Coleópteros	Ostomatidae
12	Escaravelho do tapete preto	*Attagenus piceus*	Coleópteros	Dermestidae
13	Besouro Khapra	*Trogoderma granarium*	Coleópteros	Dermestidae
14	Escaravelho siamês dos cereais	*Lophocateres pusillus*	Coleópteros	Lophocateridae
15	Escaravelho do presunto de	*Necrobia rufipes*	Coleópteros	Clerídeos

		patas vermelhas		
16	Besouro da seiva do milho	*Carpophilus dimidiatus*	Coleópteros	Nitidulidae
17	Escaravelho do grão chato	*Laemophloeus pusillus*	Coleópteros	Cucujiidae
18	Escaravelho do grão dentado	*Oryzaphilus surinamensis*	Coleópteros	Cucujiidae
19	Escaravelho de dentes de serra	*Oryzaephilus surinamensis*	Coleópteros	Silvanídeos
20	Escaravelho dos cereais	*Oryzaephilus mercator*	Coleópteros	Silvanídeos
21	Besouro forçador de grãos	*Ahaserus advena*	Coleópteros	Silvanídeos
22	Broca do grão menor	*Rhizopertha dominica*	Coleópteros	Bostrichidae
23	Escaravelho de Ghoon	*Dinoderosa ocellaris*	Coleópteros	Bostrichidae
24	Broca do grão maior	*Prostephanus truncates*	Coleópteros	Bostrichidae
25	Escaravelho do cigarro	*Lasioderma serricorne*	Coleópteros	Anobiídeos
26	Escaravelho da pulga	*Callosobruchus chinensis*	Coleópteros	Bruchidae
27	Gorgulho da ervilha	*Bruchus pisorum*	Coleópteros	Bruchidae
28	Moong dhora	*Callosobruchus analis*	Coleópteros	Bruchidae
29	Gorgulho do feijão-frade	*Callosobruchus maculatus*	Coleópteros	Bruchidae
30	Gorgulho do feijão	*Acanthoscelides obtectus*	Coleópteros	Chrysomelidae
31	Escaravelho enferrujado dos cereais	*Cryptolestes ferrugineus*	Coleópteros	Laemophloeidae
32	Traça dos cereais de Angoumois	*Sitotroga cerealella*	Lepidópteros	Gelechiidae
33	Traça-das-farinhas-da-índia	*Plodia interpunctella*	Lepidópteros	Phycitidae
34	Traça da farinha do Mediterrâneo	*Ephestia (Anagasta) kuhniella*	Lepidópteros	Phycitidae
35	Traça da amêndoa	*Ephestia cautella*	Lepidópteros	Phycitidae
36	Traça de armazém	*Ephestia elutella*	Lepidópteros	Phycitidae
37	Traça do arroz	*Corcyra cephalonica*	Lepidópteros	Phycitidae

O intervalo de humidade dos grãos mais favorável para a infestação de grãos armazenados é de 12 a 18%. As populações de insectos devem ser controladas antes de os grãos serem danificados pela broca e pela alimentação dos insectos. O grão deve ser inspeccionado de 21 em 21 dias quando a temperatura do grão excede os 15°C. Alguns insectos danificam os grãos desenvolvendo-se no interior dos grãos, alimentando-se do endosperma interno e produzindo buracos no grão através dos quais os adultos saem. Todo o ciclo de vida ocorre no interior do grão e o inseto só pode sobreviver quando estão presentes grãos inteiros. Estes insectos são conhecidos como alimentadores internos ou pragas primárias. Os insectos que se alimentam internamente mais comuns são o gorgulho do milho, o gorgulho do arroz, o gorgulho dos cereais, a broca do grão, o gorgulho do feijão, o gorgulho do feijão-frade e as larvas da traça do grão de Angoumois. Outras espécies de insectos desenvolvem-se nos grãos rachados ou partidos e na poeira dos grãos. Podem também entrar no grão através de danos causados por pragas internas. Estes insectos são conhecidos como alimentadores externos ou pragas secundárias. Os insectos que se alimentam externamente mais comuns são a traça-das-farinhas-da-índia, os escaravelhos da farinha (vermelhos e confusos), os escaravelhos-dos-grãos-dentes de serra, etc.

Várias espécies de insectos podem infestar os cereais armazenados. Estima-se que cerca de 600 espécies de insectos pertencentes a diferentes famílias estão associadas a produtos armazenados em várias partes do mundo (quadro 12). As pragas comuns de insectos de grãos armazenados podem ser identificadas utilizando a chave dada na figura 10. As principais pragas que causam danos são as fases adulta e larvar dos escaravelhos e a fase larvar das traças. Os insectos danificam os grãos fazendo buracos nos grãos. Estes grãos danificados têm um peso e um valor nutritivo reduzidos. Os grãos danificados têm a possibilidade de germinar bolores e de aumentar o teor de ácidos gordos no grão. Para além dos danos directos, a presença de insectos num grão pode resultar numa diminuição do seu valor de mercado.

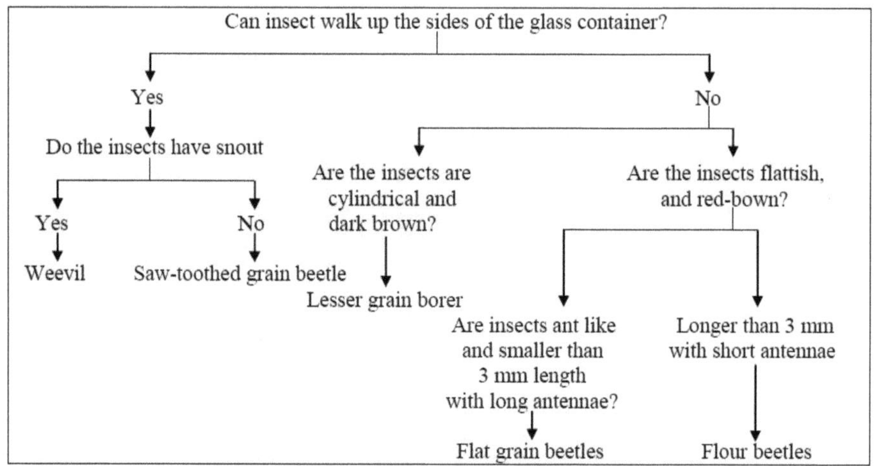

FIG. 10. CHAVE PARA A IDENTIFICAÇÃO DE INSECTOS PRAGAS COMUNS DOS CEREAIS ARMAZENADOS

Dois insectos vivos em 1 000 gramas de trigo, centeio ou triticale fazem com que o grão seja classificado como "infestado", diminuindo o seu valor de mercado. A presença de insectos vivos não afecta a classificação numérica do grão. No milho, cevada, aveia, soja e sorgo, as condições necessárias para que o grão seja classificado como infestado são diferentes. Os grãos podem ser designados como infestados se uma amostra de 1 000 gramas contiver mais de um gorgulho vivo, um gorgulho vivo e cinco ou mais insectos vivos, ou nenhum gorgulho vivo mas 10 outros insectos vivos prejudiciais aos grãos armazenados.

A identificação da praga específica encontrada nos cereais é importante porque os insectos têm diferentes potenciais de danos, biologias, comportamentos, temperaturas de crescimento, requisitos de humidade e potenciais de reprodução. As espécies de insectos causam diferentes tipos de danos e têm diferentes períodos de atividade. A identificação do inseto é o primeiro passo para compreender e controlar os problemas dos insectos. O conhecimento da biologia dos insectos é necessário para os programas de gestão integrada das pragas. Descrevemos aqui o ciclo de vida de algumas pragas importantes de insectos de grãos armazenados.

CICLO DE VIDA DOS INSECTOS PRAGAS COMUNS DOS CEREAIS ARMAZENADOS:

6.1. GORGULHO DOS CEREAIS, *SITOPHILUS GRANARIUS* (LINNAEUS): O gorgulho do cereal não consegue voar e geralmente não infesta o cereal em pé. O seu principal modo de locomoção é a marcha, mas são facilmente distribuídos quando os cereais infestados são transportados de um local para outro. Os gorgulhos do cereal são castanho-avermelhados brilhantes e de aspeto semelhante aos gorgulhos do milho e do arroz. Todos os gorgulhos têm uma cabeça ou focinho prolongado, que os distingue dos outros escaravelhos. Os adultos podem ser identificados pela presença de fossas alongadas no tórax e também pela ausência de asas de voo e de quatro marcas de cor clara nas coberturas das asas. O tamanho dos adultos é de 3,1 a 4,8 mm, consoante o tamanho do grão de que se alimentam as larvas.

Os gorgulhos dos cereais alimentam-se de grãos inteiros e partidos, incluindo cevada, milho, painço, aveia, arroz, centeio e trigo. Se o grão for moído até atingir um tamanho de partícula inferior ao necessário para o desenvolvimento das larvas, a oviposição não ocorrerá. Geralmente, um a dois ovos são ovipositados no endosperma ou no gérmen de um único grão. Quando mais de um ovo é ovipositado, apenas um adulto emerge de um único grão devido ao canibalismo das larvas. Oitenta por cento dos ovos eclodem quando as condições são favoráveis. Os ovos postos por fêmeas mais velhas têm taxas de eclosão mais baixas (Arbogast 1991). A taxa de oviposição aumenta à medida que aumenta a disponibilidade de alimentos, o que indica que, se o fornecimento de alimentos for ilimitado, a taxa de oviposição será máxima (Fava e Burlando 1995).

As larvas são de cor branca cremosa, com cabeça bronzeada e sem pernas. Passam toda a sua vida no interior do grão. O desenvolvimento do ovo ao adulto a 21°C varia entre 57 e 71 dias, dependendo da humidade do grão (Khan 1948; Richards 1947). A temperaturas mais quentes, os períodos de desenvolvimento são mais curtos, por exemplo, o desenvolvimento completa-se em 45 dias a 25°C. Existem quatro instares larvares. Os adultos recém-emergidos não abandonam imediatamente o grão. Muitas vezes permanecem no interior do grão enquanto a sua cutícula adulta

O ovo endurece e pode alimentar-se durante uma semana. Os adultos vivem sete a oito meses. Podem ocorrer quatro gerações por ano. Os adultos fingem a morte quando são perturbados.

6.2. GORGULHO DO ARROZ, *SITOPHILUS ORYZAE* (LINNAEUS): O gorgulho do arroz tem uma ampla distribuição, incluindo zonas temperadas e tropicais. São pragas de cereais integrais, como o trigo, o milho, a cevada, o sorgo, o centeio, a aveia, o algodão e o arroz. Preferem os cereais integrais, mas também se alimentam de feijão, nozes, cereais transformados, macarrão, massas, nozes e alimentos para animais de companhia. Alimentam-se internamente e todo o seu desenvolvimento ocorre no interior do grão. Os gorgulhos do arroz podem voar e distribuir-se facilmente pelos armazéns. Assim, também podem infestar os grãos enquanto ainda estão no campo, especialmente se a colheita for atrasada e as temperaturas forem amenas. Por este motivo, é importante inspecionar os grãos para detetar esta praga, mesmo que os grãos venham diretamente do campo. Os adultos do gorgulho do arroz têm 2 mm de comprimento e apresentam pequenas perfurações elípticas longitudinais no tórax, com exceção de uma faixa estreita e lisa que se estende até ao meio, e possuem marcas ovais vermelhas/amarelas nas asas anteriores. São menos tolerantes às baixas temperaturas do que o gorgulho dos cereais ou do milho.

Os ovos são postos quando a temperatura ambiente se situa entre 13 e 35°C, com a oviposição máxima a ocorrer entre 25 e 29°C (Birch 1945a). Geralmente, um pequeno ovo branco é depositado numa cavidade criada pela fêmea. A cavidade é tão profunda quanto o comprimento do focinho do gorgulho. Depois de pôr o ovo, a fêmea retira lentamente o ovipositor, enchendo a cavidade com um material gelatinoso que endurece como um tampão para proteger o ovo recém posto. A eclosão dos ovos demora geralmente cinco dias e a eclodibilidade é de cerca de 75% (Arbogast, 1991). A oviposição máxima ocorre após uma a duas semanas da emergência do adulto.

QUADRO 13. DIFERENÇAS ENTRE *S. ORYZAE* E *S. ZEAMAIS*

S. oryzae	*S. zeamais*
1. Olhos pequenos	1. Olhos grandes
2. Prefere e associa-se sobretudo ao trigo	2. Prefere e associa-se sobretudo ao arroz e ao milho.
3. A fêmea põe mais ovos em	3. A fêmea põe mais ovos no arroz do que no trigo
4. A Felnale põe mais ovos no trigo do que no arroz	4. Ciclo de vida ligeiramente mais longo a uma temperatura óptima.
5. Ciclo de vida ligeiramente mais rápido e mais curto à temperatura óptima	

O período de desenvolvimento do ovo ao adulto é de cerca de 25 dias a 29,1°C e de cerca de 35 dias a 27°C (Arbogast 1991) com um período máximo de desenvolvimento a 18,2°C de 94 dias se uma larva estiver no grão. Se três ovos forem ovipositados num grão, o período de desenvolvimento aumenta para 110 dias a 18,2°C ou 36 dias a 29,1°C (Birch 1945b), provavelmente como resultado da competição por alimento. Um teor de humidade mais baixo no grão (cerca de 11%) aumenta o período normal de desenvolvimento em quatro a cinco dias (Arbogast 1991). Há quatro instares larvares, cada um com cerca de cinco dias, e um período pupal de cinco dias. Os adultos emergem e podem permanecer nos grãos até cinco dias e vivem, em média, cerca de três meses, embora se saiba que alguns vivem mais de um ano.

6.3. GORGULHO DO MILHO, *SITOPHILUS ZEAMAIS* (MOTSCHULSKY): O gorgulho do milho tem uma gama de hospedeiros semelhante à do gorgulho do arroz e do gorgulho dos cereais. Embora seja comummente encontrado no milho, pode alimentar-se da maioria dos grãos de cereais, incluindo trigo, cevada, sorgo, centeio e arroz. O gorgulho do milho prefere os grãos inteiros, mas tem sido referido que se alimenta de muitos produtos transformados à base de grãos. Os gorgulhos adultos do milho são ligeiramente maiores (2,5 a 4,0 mm) do que os gorgulhos do arroz. Apresentam perfurações circulares no tórax, em comparação com perfurações ovais no gorgulho do arroz, e manchas coloridas mais distintas nas asas anteriores. Os gorgulhos do milho são mais ágeis do que os gorgulhos do arroz. Normalmente, é posto um ovo por grão (Gomez et al. 1982), mas ocasionalmente pode emergir mais do que um adulto. Se forem postos vários ovos, as larvas competem com agressão ativa entre os ocupantes das sementes (Guedes et al. 2010). Os estágios de ovo, larva e pupa são raramente vistos porque estão confinados ao interior do grão. Os ovos são de cor branca cremosa e pouco visíveis a olho nu. A eclodibilidade é de cerca de 90% e a mortalidade das larvas de primeiro instar pode atingir 30% a 50% de humidade relativa (Arbogast 1991). As larvas são de um branco cremoso com uma cabeça castanha e não têm pernas. Passam por quatro instares antes de se transformarem em pupas dentro da amêndoa. Durante os quatro a cinco meses de inverno frio, a larva permanece no interior dos grãos. A sobrevivência dos imaturos é de apenas 18% (Throne 1994). A sobrevivência de todos os estádios de vida imaturos é mais elevada a 25°C (Throne 1994). Os ovos não são postos se a humidade relativa for inferior a 60% (Arbogast 1991). O ciclo de vida do gorgulho do milho é em média de 35 dias a 27°C (Sharifi e Mills 1971) com um tempo máximo de desenvolvimento de 110 dias a 18°C. A temperatura mínima para o desenvolvimento é de 13°C. A temperatura mínima para o desenvolvimento é de 13°C. Há geralmente quatro a cinco gerações por ano. Os adultos vivem cerca de quatro a oito meses.

6.4. BROCA-DOS-GRÃOS-PEQUENOS, *RHYZOPERTHA DOMINICA* (FABRICIUS): A broca-dos-grãos infesta todos os tipos de grãos de cereais, mas prefere o trigo, o milho ou o arroz grosso e castanho. Sobrevivem bem na farinha criada pela infestação inicial de escaravelhos. Os grãos infestados com a broca do grão têm um odor caraterístico doce e ligeiramente pungente. Este odor contém a feromona de agregação produzida pelos machos, que se demonstrou ser um isco eficaz para utilização em armadilhas para insectos. A broca-do-grão voa, mas, devido ao seu tamanho, é facilmente apanhada pelas correntes de ar. A duração do voo é influenciada pela estação do ano e pelas condições de luminosidade (Potter 1935). A atividade máxima de voo ocorre em maio e novamente em setembro e outubro (Toews et al. 2006).

O adulto da broca do grão é um inseto pequeno (3 mm), castanho-escuro e altamente destrutivo. É facilmente identificado pela sua forma. O corpo é cilíndrico, com uma forma semelhante à de uma bala. A cabeça está enfiada debaixo do tórax e o capuz tem a forma de um escudo de pescoço arredondado. O capuz está coberto de buracos que se tornam gradualmente mais pequenos em direção à parte posterior. A antena de dez segmentos é bipartida, com os três últimos segmentos a formarem um taco solto. Cada fêmea deposita até 500 ovos no exterior dos grãos e as larvas jovens penetram no seu interior. O teor de humidade do grão é fundamental para a oviposição e o desenvolvimento. O trigo com um teor de humidade inferior a 8% não é adequado para a oviposição. O desenvolvimento dos ovos demora 32 dias a 18°C, mas apenas 5 dias a 36°C. O efeito desta variação de temperatura é ainda mais subtil para o desenvolvimento das larvas. Um aumento de 3°C na temperatura (25 a 28°C) resulta num aumento de 17 dias no período de desenvolvimento das larvas. As larvas são brancas e têm forma de c. Existem quatro a cinco instares larvares se forem alimentadas com cereais integrais, ou dois a sete se forem alimentadas com farinha integral. As temperaturas para o desenvolvimento das larvas são 18,2°C e 38,6°C (Arbogast 1991). Tanto as larvas como os adultos alimentam-se vorazmente e deixam grãos fragmentados e resíduos pulverulentos. As larvas podem completar o seu desenvolvimento no resíduo do grão. Os adultos permanecem normalmente no interior do grão durante alguns dias antes da emergência. As fêmeas acasaladas começam a ovipositar cerca de duas semanas mais tarde e continuam durante cerca de quatro meses.

6.5. TRAÇA DO GRÃO DE ANGOUMOIS, *SITOTROGA CEREALELLA* (OLIVIER): A traça do grão de Angoumois é uma praga importante e necessita de grãos inteiros para se desenvolver. É comummente encontrada no milho, trigo, sorgo, amendoim, arroz e milho-miúdo. Esta traça é mais sensível a baixas temperaturas do que outras traças de produtos armazenados. Pode coexistir com o escaravelho do grão, mas se o grão estiver infestado com outros insectos que se alimentam internamente, como o gorgulho do milho e a broca do grão, a população da traça do grão de Angoumois será suprimida.

Os adultos têm uma vida curta, geralmente inferior a uma semana, e não se alimentam. São atraídos pela luz. A oviposição ocorre no exterior da semente, geralmente durante a noite (Cox e Bell 1991). À medida que as larvas dentro dos ovos amadurecem, os ovos escurecem. O desenvolvimento dos ovos pode durar 5 a 6, 6 a 7 ou 10 dias a 30°C, 25°C ou 20°C, respetivamente (Boldt 1974; Cox e Bell 1991). Os ovos podem eclodir a temperaturas tão baixas como 12°C e tão altas como 36°C. As larvas têm 5 mm de comprimento e são branco-amareladas com cabeças castanhas. As larvas passam toda a sua vida dentro da amêndoa. Em climas frios, as larvas ficam dormentes durante quatro a cinco meses. A pupação ocorre no interior da amêndoa e demora 8, 10 a 12 ou 20 dias a 30°C, 24°C a 27°C e 20°C, respetivamente. Os adultos têm uma vida curta. A temperatura mínima para o desenvolvimento da população é de 16°C, o desenvolvimento ótimo ocorre a 30°C, e a temperatura máxima para o desenvolvimento da população é de 35°C a 37°C (Cox e Bell 1991).

6.6. GORGULHO DO FEIJÃO-FRADE, *CALLOSOBRUCHUS MACULATUS* (FABRICIUS): O

Callosobruchus maculatus, vulgarmente designado por gorgulho do feijão-frade ou escaravelho da semente do feijão-frade, é um membro da família dos escaravelhos Chrysomelidae. Os gorgulhos do feijão-frade não são verdadeiros gorgulhos, uma vez que não têm o focinho de um verdadeiro gorgulho, embora se assemelhem a um gorgulho. Os adultos são escaravelhos alongados de cor castanha avermelhada e têm cerca de 3 mm de comprimento. Apresentam duas manchas vermelho-pretas nas coberturas das asas, que são curtas e não cobrem completamente o abdómen. A parte exposta do abdómen apresenta igualmente duas manchas visíveis de cor negra. Esta praga comum das leguminosas armazenadas tem uma distribuição cosmopolita, ocorrendo em todos os continentes, exceto na Antárctida (Raina 1970). O escaravelho é provavelmente originário da África Ocidental e deslocou-se pelo mundo com o comércio de leguminosas e outras culturas (Tran 1995). Infestam leguminosas armazenadas, incluindo feijão-frade, ervilhas secas, grão-de-bico, lentilhas, etc. O último segmento do abdómen estende-se por baixo dos élitros curtos e tem também duas manchas pretas. O escaravelho é sexualmente dimórfico e os machos distinguem-se facilmente das fêmeas. Os machos são por vezes maiores do que as fêmeas, mas este facto não se verifica em todas as estirpes. As fêmeas possuem riscas escuras nos lados da placa alargada que cobre a ponta do abdómen e são de cor castanha escura ou quase preta, em comparação com os machos castanhos claros.

Ao contrário de outros insectos de produtos armazenados, os adultos deste escaravelho podem ser encontrados em duas formas morfológicas do corpo: uma com asas e capaz de voar e outra sem asas e que não voa. A forma voadora é produzida quando as condições de criação das larvas são de aglomeração, ou em luz ou escuridão contínuas, temperatura ambiental elevada ou baixo teor de humidade (Utida 1972; Beck e Blumer 2011). No armazenamento, a forma não voadora é comum. Os gorgulhos reproduzem-se nas sementes armazenadas enquanto as condições são óptimas. À medida que a população cresce e as condições se tornam inadequadas, a forma alada aparece e dispersa-se para se reproduzir em sementes em crescimento no campo. As fêmeas aladas ovipositam nos feijões no campo e as larvas resultantes são transportadas para os armazéns aquando da colheita. Os adultos que emergem destas larvas não voam (Arbogast 1991).

Para além das diferenças morfológicas entre as duas formas de voo, existem diferenças fisiológicas e comportamentais. As fêmeas que não voam põem mais ovos e esses ovos têm uma eclodibilidade diferente da das fêmeas que voam. Por exemplo, a 15°C, as fêmeas que não voam põem 56,2 ovos em comparação com os 20 ovos das fêmeas que voam, enquanto que a 35°C, as fêmeas que não voam põem 77,1 ovos em comparação com os 36,6 ovos das fêmeas que voam (Utida 1972). A eclodibilidade dos ovos aumenta de 45,9 para 64,1% para as fêmeas voadoras em comparação com as fêmeas não voadoras a 15°C, mas diminui de 22,5% (voadoras) para 1,8% (não voadoras) a temperaturas de 35°C. As fêmeas voadoras emergem com ovários imaturos e a oviposição é atrasada três a quatro dias. Suportam temperaturas mais baixas e requerem maior humidade. A longevidade dos adultos da forma voadora é duas vezes superior à da forma não voadora. A forma voadora é mais comum nos escaravelhos que se desenvolveram em condições de elevada densidade larvar e temperaturas elevadas. A forma voadora tem um tempo de vida mais longo e uma fecundidade mais baixa, e os sexos são menos dimórficos e podem ser mais difíceis de distinguir.

A fecundidade depende do hospedeiro, com uma oviposição fraca em lentilhas (23 ovos por fêmea) e uma oviposição óptima em favas (110 ovos por fêmea) (Utida 1972). O ovo é claro, brilhante, oval a fusiforme e tem cerca de 0,75 mm de comprimento. Uma fêmea adulta pode pôr mais de uma centena de ovos, a maioria dos quais eclodirá. As fêmeas põem os ovos no exterior da semente e as larvas recém-emergidas perfuram o seu interior, sendo que várias larvas habitam uma única semente. As larvas são brancas e têm a forma de um "C". Os danos ocorrem devido à alimentação das larvas. As larvas penetram na semente e alimentam-se do embrião e do endosperma até à pupação. A alimentação caraterística inclui as larvas que se alimentam muito perto da superfície do feijão, deixando uma cobertura fina, frequentemente designada por janela. Emerge após um período larvar de 3 a 7 semanas, dependendo das condições. A aglomeração de larvas pode ocorrer quando até 8 ou 10 larvas se alimentam e crescem dentro de um feijão. A aglomeração limita os recursos de cada indivíduo, levando a um maior tempo de desenvolvimento, maior mortalidade, menor tamanho adulto e menor fecundidade. Quando o escaravelho emerge como adulto, pode demorar 24 a 36 horas a amadurecer completamente. O tempo de vida do adulto é de 10 a 14 dias. O adulto não necessita de alimento nem de água. Uma fêmea que receba nutrientes pode pôr mais ovos (Raina 1970). O besouro tolera uma gama de humidade e temperatura, o que o torna adaptável a climas de todo o mundo. O seu período de desenvolvimento varia com factores como a humidade, a temperatura, o tipo de leguminosa, a aglomeração e os níveis de consanguinidade na população (Fox e Reed 2011). A humidade e o teor de humidade do grão desempenham um papel importante na vida. Um grão demasiado seco será impossível para a larva perfurar, e os grãos húmidos podem apresentar crescimento de fungos. É aceitável um intervalo de humidade de 25% a 80%, com diferentes níveis ideais em cada fase da vida. A maior parte dos ovos eclode entre 44% e 63% de humidade e 44% produz a maior sobrevivência. O adulto vive mais tempo com 81% a 90% de humidade. Temperaturas de 17°C e 37°C com uma humidade constante stressam o escaravelho, e a gama de temperaturas ideal é de 24 a 28°C (Fox e Reed 2011). A idade da fêmea no momento da oviposição afecta o desenvolvimento e a sobrevivência da descendência. Os ovos de fêmeas mais velhas têm menos probabilidades de eclodir, as larvas demoram mais tempo a desenvolver-se e há menos larvas a sobreviver até à idade adulta. A cópula é prejudicial para a fêmea do escaravelho. O macho possui espinhos penianos que danificam o trato reprodutivo da fêmea. A fêmea pode pontapear o macho à força durante a cópula, terminando o acasalamento. Após o acasalamento, a fêmea cola ovos individuais num feijão (Edvardsson 2005). A fêmea põe geralmente menos ovos quando há menos hospedeiros. Numa experiência, as fêmeas que receberam três feijões grandes puseram mais ovos do que as fêmeas que receberam três feijões pequenos. Ocasionalmente, as fêmeas depositam muitos ovos em superfícies não viáveis, especialmente se houver poucos ou nenhuns hospedeiros disponíveis. Este facto leva a uma maior taxa de mortalidade dos ovos e das larvas potenciais (Cope e Fox 2003). Em condições ideais de armazenamento, podem ocorrer seis a sete gerações por ano. Fingem a morte se forem perturbados, por vezes não retomando o movimento durante 5 minutos.

6.7. GORGULHO DO FEIJÃO-FRADE, *CALLOSOBRUCHUS CHINENSIS* (LINNAEUS): Trata-se de uma espécie originalmente oriental que se espalhou por todo o mundo através do comércio, mas que geralmente não sobrevive em zonas de clima frio. Na Índia, esta espécie tem-se espalhado por todo o país onde se cultivam leguminosas. Trata-se de uma praga grave das lentilhas, que também causa danos às ervilhas, às gramas, à soja, etc. Na Índia, foi encontrada a destruir grama, mung, arhor e ervilha. A espécie C. *chinensis* pode ser reconhecida pelo seu corpo preto-avermelhado a preto, patas vermelhas exceto a parte basal do fémur posterior, olhos bulbosos, fortemente emarginados, antena castanha escura, articulações 3-11 serrilhadas na fêmea e pectinadas no macho, pronoto subcónico e castanho-escuro a preto, escutelo proeminente e inchado com revestimento brilhante, metade posterior dos élitros mais escura do que o terço anterior coberto de pêlos amarelados e brancos. O adulto mede 2-3,5 mm de comprimento. Os machos podem ser facilmente separados das fêmeas por terem antenas mais compridas e pectinadas no macho, enquanto que as antenas são curtas e subserrilhadas na fêmea, os tubérculos dos élitros estão ausentes na fêmea mas presentes nas bases das 3rd e das 4th estrias no macho. Larvas branco-amareladas, um pouco em forma de feijão, comprimento de cerca de 3,5 - 4 mm, glabras com cabeça um pouco esclerotizada, mais proeminente no lado lateral. As larvas de C. *chinensis* podem ser separadas das larvas de C. *maculatus* pelo facto de o labrum ser subcónico e pela presença de uma fossa sensorial no clípeo. Distingue-se de C. *analis* pelo labrum subcónico e pelo esclerito pré-mental arredondado posteriormente. Howe e Currie (1964) observaram que as condições óptimas para um desenvolvimento rápido são 32°C e 90% de HR, podendo reproduzir-se um pouco acima dos 35°C e o limite inferior é de 17°C. As temperaturas mais elevadas têm frequentemente efeitos adversos na oviposição e na maturidade das larvas.

6.8. GORGULHO DO FEIJÃO-FRADE, *CALLOSOBRUCHUS ANALIS* (FABRICIUS): Trata-se de uma espécie predominantemente oriental, muito semelhante a C. *maculatus* e menos semelhante a C. *chinensis* no seu aspeto, hábitos e ciclo de vida. O adulto é amarelado a vermelho escuro, coberto de pêlos cinzentos e castanhos escuros, cabeça pequena e castanha escura, antena serrilhada em ambos os sexos, olhos emarginados e ligeiramente maiores no macho, mancha negra lateral em cada élitro separada por uma banda de cerdas brancas e banda mediana pigidial branca e distinta. O adulto mede entre 2 e 3,8 mm de comprimento. Os machos podem ser separados das fêmeas pelo facto de a antena ser ligeiramente mais espessa e de as manchas dos élitros estarem separadas por uma mancha de cerdas brancas baças nos machos, enquanto nas fêmeas as manchas estão separadas por uma mancha de cerdas brancas brilhantes.

Esta é uma verdadeira espécie de armazenamento e capaz de infestar várias vezes para produzir gerações sucessivas em leguminosas secas armazenadas e atacar todos os tipos de leguminosas como C. *maculatus*. Larvas em forma de C, com cerca de 3,5-4 mm de comprimento, branco amarelado, cabeça lateral e posterior mais esclerotizada. Howe e Currie (1964) observaram que as condições óptimas para um desenvolvimento rápido variam entre 30°C e 35°C.

6.9. GORGULHO DO FEIJÃO, *ACANTHOSCELIDES OBTECTUS* (SAY): Os gorgulhos do feijão não são verdadeiros gorgulhos porque não têm um focinho como os gorgulhos do arroz ou do milho. Estes escaravelhos são pequenos, com 3 a 5 mm de comprimento, de cor castanha-acinzentada e forma oval. Podem ser identificados por manchas castanhas ou acinzentadas nas asas e pêlos finos amarelo-alaranjados no tórax. O gorgulho do feijão desenvolve-se nas vagens de feijão maduras no campo, mas também infesta os feijões armazenados. A sua distribuição é mundial, mas são mais comuns nas zonas subtropicais. Desenvolvem-se principalmente no feijão comum, mas foram encontrados noutros feijões. Este inseto também é capaz de se alimentar e reproduzir em fungos (Sinha 1971).

Durante a sua vida, uma fêmea pode pôr até 70 ovos. Vários ovos esbranquiçados são depositados soltos numa única vagem de feijão ou em fendas da vagem e várias larvas podem emergir de um único feijão, ao contrário de muitos insectos de armazenamento em que apenas um inseto emerge por semente (Godrey e Long 2008). A larva de primeiro instar, semelhante a uma larva de larva, penetra no feijão e causa os danos. Os gorgulhos imaturos do feijão apresentam uma mortalidade elevada. A 25°C, foi registada uma mortalidade de 58% (Arbogast 1991). O desenvolvimento ocorre entre 15 e 35°C, desde que a humidade não seja demasiado alta ou demasiado baixa (Howe e Currie 1964; Arbogast 1991). O desenvolvimento é mais rápido (32 dias) a 29°C mas pode demorar 92 dias a 18°C. Os adultos não se alimentam. Quando o produto fica muito infestado, os adultos abandonam os feijões e procuram novos produtos para infestar. Tal como outras espécies aparentadas, o gorgulho do feijão finge-se de morto quando é perturbado. O inseto produz uma feromona doce e frutada que dá às culturas de adultos recém-emergidos um cheiro agradável.

6.10. ESCARAVELHO ENFERRUJADO DOS CEREAIS, *CRYPTOLESTES FERRUGINEUS* (STEPHENS): O escaravelho enferrujado dos cereais tem uma distribuição mundial. Este inseto prefere cereais com elevada humidade e alimentos em decomposição. Encontram-se no trigo, centeio, milho, arroz, aveia, cevada, sementes oleaginosas e frutos secos. O desenvolvimento é ótimo no trigo.

Os escaravelhos ferrugíneos adultos são castanho-avermelhados e têm cerca de 1,5 a 2 mm de comprimento. Têm antenas muito distintas, longas e com contas, que se projectam para a frente a partir da cabeça num padrão caraterístico em forma de V. Os adultos voam com muita força e são especialmente propensos a voar com tempo quente. As fêmeas depositam os ovos (200 a 500) soltos na massa do grão ou em fendas ou sulcos no grão. São brancos, ovais e têm 0,5 a 0,8 mm de comprimento. A oviposição prolonga-se até 34 semanas, com uma fecundidade média de 242 ovos por fêmea (Davies 1949). Os ovos eclodem em três a cinco dias a 30°C. As larvas têm cerca de 3 mm de comprimento. São de cor branca cremosa e um pouco achatadas. A cabeça e um processo bifurcado na extremidade posterior das larvas são ligeiramente escurecidos. As larvas alimentam-se do gérmen dos grãos inteiros, mas também do endosperma e, por vezes, escavam o grão inteiro. Não podem atacar os grãos não danificados. Tanto as larvas como os adultos são canibais, consumindo ovos, pré-pupas e pupas (Sheppard 1936). Existem quatro instares larvares. O último estágio larvar constrói um casulo de seda dentro dos grãos danificados. O período larvar dura 32 a 37 dias a 28,3°C e a fase de pupa dura 5 dias em farinha de milho. O desenvolvimento não ocorre em grãos muito secos, com um teor de humidade inferior a 12% e uma humidade relativa inferior a 40%. O período de desenvolvimento é mais curto e a oviposição é maior à medida que o tamanho das partículas dos grãos rachados aumenta (Throne e Culik 1989). Os adultos emergem da semente 5 a 7 dias após a pupação. A temperatura de desenvolvimento varia entre 17,5°C e 40,0°C, com um período mínimo de desenvolvimento de 21 dias a 35°C.

6.11. Escaravelho dos cereais estrangeiros, *AHASVERUS ADVANA* (WALTL): O escaravelho dos cereais estrangeiros é facilmente identificado por duas protuberâncias nos élitros, logo atrás dos olhos. É castanho-claro, com antenas que terminam num taco de três segmentos. A sua distribuição é mundial e foi encontrado em grãos crus e produtos de cereais, amendoins, sementes oleaginosas, frutos secos e especiarias. O desenvolvimento e o crescimento larvar requerem uma humidade relativa elevada (92 a 75%) e nenhum sobrevive a uma humidade relativa de 58% (David e Mills 1975).

As fêmeas não ovipositam continuamente ao longo da vida, mas começam a pôr ovos 3 a 4 dias após a emergência e alternam períodos de oviposição de 20 a 30 dias com períodos de não oviposição de 5 a 23 dias. Há geralmente duas a quatro rondas de períodos de oviposição e de não-oviposição. Durante um período de oviposição, as fêmeas põem geralmente 1 a 4 ovos isolados ou em grupos de 2 a 3 ovos por dia, mas podem pôr até 8 a 12 ovos por dia (Arbogast 1991). Há dois picos de oviposição durante a vida de uma fêmea: durante as primeiras 2 semanas e durante o 4th mês. A 27°C, os ovos eclodem em 4 a 5 dias. As larvas alimentam-se da massa alimentar e desenvolvem-se em 4 a 5 instares larvares durante 11 a 19 dias, após os quais constroem uma câmara pupal cimentando as partículas de alimento e fixando-se à câmara com secreções anais (David e Mills 1975). A pupação completa-se em 3 a 5 dias. A longevidade dos adultos varia consoante o estado de acasalamento. Os machos e as fêmeas não acasalados vivem 275 e 301 dias, respetivamente, enquanto os machos e as fêmeas acasalados vivem apenas 159 e 208 dias, respetivamente.

6.12. TRAÇA DO ARROZ, *CORCYRA CEPHALONICA* (STAINTON): É castanha acinzentada clara, com uma extensão de asa de cerca de meio centímetro. A larva assemelha-se à da traça-das-farinhas-da-índia. Quando adulta, a larva mede cerca de meio centímetro de comprimento e a sua cor varia entre o branco e um cinzento sujo, ligeiramente azulado, com ocasionais tons de verde. É a principal praga dos cereais armazenados. Os danos causados por esta praga são efectuados pelas larvas. Atacam o arroz, o cacau, o chocolate, os frutos secos, os biscoitos e as sementes. As larvas produzem teias densas à medida que se tornam adultas. Quando se alimentam de cereais, tecem tubos densos e sedosos e prendem os grãos de cereais nas paredes dos tubos. As traças vivem 1 a 2 semanas e cada fêmea põe 100 a 200 ovos. No verão, o período de desenvolvimento do ovo ao adulto é de cerca de 6 semanas.

6.13. ESCARAVELHO DO GRÃO DE DENTE DE SERRA, *ORYZAEPHILUS SURINAMENIS* (LINNAEUS): *O escaravelho do grão dentado Oryzaephilus surinamensis é um dos insectos mais comuns e economicamente significativos em todo o mundo em grãos armazenados e produtos cerealíferos com distribuição mundial.* É considerado uma praga secundária dos grãos armazenados, infestando os grãos já danificados por alimentadores primários, como *Rhyzopertha dominica.* É esguio, achatado, castanho e tem cerca de um décimo de polegada de comprimento. O seu nome deve-se à estrutura peculiar do tórax, que tem seis projecções em forma de dente de serra de cada lado. Tanto a larva como o adulto atacam todos os alimentos de origem vegetal, especialmente cereais e produtos derivados de cereais, tais como farinhas, refeições, alimentos para o pequeno-almoço, alimentos para animais e aves de capoeira, copra e frutos secos. *O. surinamensis foi observado a* alimentar-se de ovos e adultos mortos de traças de produtos armazenados (Mason 2003).

O ciclo de vida de *O. surinamensis* inclui ovo, larva, pupa e adulto. A fêmea deposita cerca de 400 ovos, quer em farinha, quer noutros produtos de grãos moídos ou em fendas de grãos inteiros (Mason 2003). A postura de ovos começa cerca de 5 dias após a emergência, atinge um máximo durante a 2nd ou 3rd semana e diminui rapidamente após cerca de 10 semanas (Mason 2003). Os ovos são brancos e finos e eclodem em 3-8 dias (Mason 2003; Anon 2009) e as larvas começam a alimentar-se poucas horas após a eclosão (Mason 2003). As larvas emergentes não permanecem num único grão, mas rastejam ativamente e alimentam-se. Durante o verão, crescem completamente em cerca de 2 semanas. As larvas maduras constroem então delicadas coberturas semelhantes a casulos, juntando pequenos grãos ou fragmentos de alimentos com uma secreção pegajosa. Dentro destas células, as larvas passam à fase de pupa, o que demora cerca de 1 semana. No verão, o período de desenvolvimento do ovo ao adulto é de 4 semanas.

As larvas são tipicamente de vida livre, móveis e não se escondem, passando normalmente por quatro instares durante o seu desenvolvimento. Não conseguem desenvolver-se em trigo não danificado (Mason 2003). Em condições favoráveis, as larvas completam o seu desenvolvimento em 12-15 dias. As pupas desenvolvem-se em cerca de 4-7 dias e o tempo total de desenvolvimento desde o ovo até ao adulto varia de 21 a 51 dias, dependendo da temperatura (Calvin 1990). As infestações ocorrem entre 17° C e 37° C, 10-90% RH (Anon 2009). A temperatura óptima para o desenvolvimento situa-se entre 30-35° C (Halstead 1980). Esta espécie é sensível ao frio e não consegue completar o desenvolvimento a temperaturas inferiores a 20° C (Halstead 1980). Os adultos vivem normalmente 6 a 10 meses, ou mesmo até 3 anos, mas morrem rapidamente em trigo sem pó e não danificado (Calvin 1990).

6.14. Escaravelho da farinha confuso, *TRIBOLIUM CONFUSUM* **(JACQUELIN DU VAL):** O escaravelho da farinha confuso tem este nome devido à confusão sobre a sua identidade. Trata-se de um escaravelho brilhante, achatado, oval, castanho-avermelhado, com cerca de 3,5 mm de comprimento. Os adultos têm asas mas não são capazes de voar. A cabeça e a parte superior do tórax estão densamente cobertas de pequenas perfurações. As coberturas das asas são estriadas longitudinalmente e esparsamente perfuradas entre as estrias. Distribui-se por todo o mundo de forma muito abundante. Alimenta-se geralmente de matérias amiláceas. Encontra-se em celeiros, moinhos, armazéns e em todos os locais onde se armazenam cereais ou produtos derivados de cereais. A vida média destes escaravelhos é de cerca de um ano, mas sabe-se que alguns chegam a viver 3 anos e 9 meses. A fêmea põe uma média de cerca de 450 ovos. Os ovos são pequenos e brancos, depositados de forma solta na farinha ou noutro material alimentar em que vivem os adultos. Estão cobertos por uma secreção pegajosa, ficando assim cobertos de farinha e aderindo facilmente aos lados dos recipientes. Assim, o material fresco colocado nos recipientes é rapidamente infestado. Os ovos eclodem em 5 a 12 dias, formando larvas pequenas, fibrosas, delgadas, cilíndricas e semelhantes a vermes.

Quando adultas, são de cor branca e amarela e têm cerca de 3,5 cm de comprimento. Estas larvas alimentam-se de farinha ou de outros materiais, tais como pó de cereais e as superfícies quebradas dos grãos de cereais. Quando crescem completamente, as larvas transformam-se em pequenas pupas nuas. Inicialmente de cor branca, as pupas mudam gradualmente para amarelo e depois para castanho e, finalmente, transformam-se em escaravelhos adultos. No verão, o período entre o ovo e o adulto é, em média, de cerca de 6 semanas em condições favoráveis, mas o ciclo de vida é muito prolongado a baixas temperaturas.

6.15. ESCARAVELHO VERMELHO DA FARINHA, *TRIBOLIUM CASTANEUM* (HERBST): O seu aspeto é quase idêntico ao do escaravelho da farinha. Só pode ser distinguido do escaravelho da farinha confuso com a ajuda de uma lupa. Os segmentos das antenas do escaravelho confuso aumentam gradualmente de tamanho desde as bases até às pontas, ao passo que os últimos três segmentos das antenas do escaravelho vermelho são abruptamente muito maiores do que os outros segmentos, formando pontas alargadas como um taco. Outra ligeira diferença reside na forma do tórax. Os lados do escaravelho da farinha vermelha são curvos, enquanto o tórax do escaravelho da farinha confusa é reto. Tanto os adultos do escaravelho da farinha vermelha como os do escaravelho da farinha confusa têm asas bem desenvolvidas, mas só o escaravelho da farinha vermelha pode voar. Quando agitados ou amontoados, podem segregar substâncias químicas chamadas quininas. Estas substâncias químicas podem fazer com que os alimentos infestados se tornem cor-de-rosa e tenham um odor pungente. Foi relatado que os escaravelhos da farinha confusos preferem e agregam-se em farinha exposta a quininas, enquanto as quininas repelem os escaravelhos da farinha vermelha.

O escaravelho da farinha vermelha é cosmopolita na sua distribuição. Os escaravelhos adultos medem cerca de 3,5 mm de comprimento. As margens da cabeça do escaravelho da farinha confuso são alargadas e entalhadas nos olhos, com uma crista sobre o olho. O pronoto é o mais largo. As margens da cabeça do escaravelho da farinha vermelha são quase contínuas nos olhos e não apresentam uma crista sobre o olho. O escaravelho vermelho da farinha tem hábitos alimentares e reprodutivos semelhantes aos do escaravelho confuso da farinha. Os escaravelhos da farinha podem ser encontrados infestando uma variedade de grãos, farinha e outros produtos de cereais, feijão, sementes de algodão, frutos secos sem casca, frutos secos, legumes secos, leite seco, etc. Não se alimentam de grãos inteiros, mas podem alimentar-se de grãos partidos. Os estádios imaturos do escaravelho confuso e do escaravelho da farinha são tão semelhantes que é impossível distingui-los. O período de desenvolvimento do ovo ao adulto do escaravelho vermelho da farinha é geralmente mais curto do que o do escaravelho confuso da farinha. Tal como o escaravelho da farinha confuso, o escaravelho da farinha vermelho é principalmente uma praga de produtos moídos. Ataca apenas a poeira dos grãos e as superfícies dos grãos partidos; por conseguinte, é uma praga secundária.

QUADRO 14. DIFERENÇA ENTRE *T. CASTANEUM* E *T. CONFUSUM*

T. castaneum	*T. confusum*
1. Clube antenal nitidamente 3-articulado	1. Articulações antenais gradualmente alargadas até formarem um clube.
2. Cabeça não expandida de cada lado à frente dos olhos	2. Cabeça expandida de cada lado à frente dos olhos
3. Olhos não marginados acima	3. Olhos marginados acima
4. Olhos separados aproximadamente pela largura de cada olho quando vistos de baixo	4. Olhos separados por mais do que a largura de cada olho quando vistos de baixo
5. Espécies geralmente mais pequenas, com 3-4 mm de comprimento	5. Espécies geralmente maiores, com 4-6 mm de comprimento

Os ovos são depositados diretamente na farinha e noutros materiais alimentares ou na superfície do recipiente. A fecundidade média é de 400-500 ovos por fêmea, com o pico de oviposição a ocorrer durante a primeira semana. Os adultos podem viver mais de 3 anos e as fêmeas podem pôr ovos durante mais de um ano. Os ovos são brancos ou incolores e estão cobertos por um material pegajoso ao qual a farinha pode aderir. Os ovos eclodem em 3-5 dias a 32-35°C. As larvas enterram-se nos grãos de cereais, mas podem sair das suas tocas em busca de alimento. Há pelo menos 5-11 instares larvares. A variação do número de instares depende do ambiente, do alimento, da temperatura, da humidade ou do inseto individual. As larvas têm uma cor ligeiramente amarela ou creme e cerca de 6 mm de comprimento. As larvas são bastante activas, mas geralmente escondem-se no alimento, ao abrigo da luz. As pupas estão nuas, sem qualquer proteção. O período de desenvolvimento do ovo até ao adulto varia consoante as condições, no entanto, a média é de 26 dias a 32-35°C e >70% HR. A temperatura mínima para o desenvolvimento situa-se entre 20-22°C e a máxima entre 37,5-40°C quando a humidade relativa é baixa (10-30%) ou alta (90%). Os escaravelhos da farinha podem sobreviver em grãos com teores de humidade tão baixos como 8%.

6.16. TRAÇA-DAS-FARINHAS-DA-ÍNDIA, *PLODIA INTERPUNCTELLA* (HUBNER): É uma das pragas mais comuns dos grãos armazenados. As larvas desta traça alimentam-se de grãos, produtos derivados de grãos, frutos secos, nozes, cereais e uma variedade de produtos alimentares transformados. Os adultos têm 8-10 mm de comprimento e 16 a 20 mm de envergadura. A metade exterior das suas asas anteriores é de cor bronze, cobre ou cinzenta escura, enquanto a metade superior é cinzenta amarelada com uma faixa escura na intersecção entre as duas.

O ciclo de vida completo desta espécie pode durar entre 30 e 300 dias. As traças fêmeas põem 60 a 400 ovos na superfície dos alimentos, que são geralmente mais pequenos do que 0,5 mm e não são pegajosos. Os ovos são esbranquiçados, ovais e muito pequenos. Devido ao seu pequeno tamanho, são difíceis de observar a olho nu. Os ovos são depositados na superfície do garimpo, individualmente ou em grupos de doze a trinta. Os ovos eclodem em 2 a 14 dias. A fase larvar dura de 2 a 41 semanas, consoante a temperatura, e é responsável pelos danos nos grãos. As larvas recém-eclodidas são muito pequenas e difíceis de observar. As larvas maiores são geralmente amareladas, esverdeadas ou cor-de-rosa. As larvas adultas têm entre 0,5 e 0,6 polegadas de comprimento e uma cápsula acastanhada na cabeça. As larvas são brancas com cabeças castanhas. Existem 5-7 instares larvares. Quando estas larvas atingem a maturidade, têm geralmente cerca de 12 mm de comprimento. Possuem três pares de patas junto à cabeça (patas torácicas) e cinco pares de patas progenitoras bem desenvolvidas no abdómen. As patas ajudam-nas a deslocar-se a distâncias consideráveis até à fase de pupa. Nos cereais, a alimentação das larvas limita-se geralmente à parte superior de um a dois centímetros. As larvas grandes alimentam-se do gérmen do grão. Quando maduras, as larvas formam um casulo de seda e transformam-se em pupas de cor castanha clara. Os casulos e as pupas podem ser vistos na superfície do grão e nas paredes do contentor de grãos. A presença de teias pouco aderentes no grão é caraterística desta praga. Os adultos emergem em quatro a trinta dias, acasalam e as fêmeas põem a geração seguinte de ovos. Os adultos vivem de cinco a vinte e cinco dias. Um ciclo de vida típico (do ovo ao adulto) completa-se em quatro a cinquenta e cinco dias. Existe um potencial para sete a nove gerações por ano; no entanto, devido às temperaturas baixas durante os meses de inverno, são normalmente completadas menos gerações. Em condições óptimas, todo o ciclo de vida pode ser completado em cerca de vinte e oito dias.

6.17. TRAÇA DO MOINHO OU DA FARINHA, *EPHESTIA KUEHNIELLA* (ZELLER): É uma das principais pragas da farinha, com distribuição mundial. Encontra-se nos moinhos de farinha, nas fábricas de moagem de milho, nas padarias e em qualquer outro local utilizado para a transformação de cereais ou para a preparação de produtos à base de farinha. As larvas da traça do moinho preferem a farinha de trigo, mas também se alimentam de todos os tipos de grãos, cereais, sementes, macarrão, frutos secos, cacau, nozes e amêndoas. Encontra-se em todo o mundo, no entanto, ocorre na maior parte das regiões temperadas e subtropicais do mundo, onde as temperaturas médias rondam os 20°C-25°C. Dependendo da temperatura e da humidade, uma única fêmea pode pôr até 562 ovos, com uma temperatura óptima de 26° C. As larvas alimentam-se de todo o material, o que resulta na solidificação de partículas de alimento, fezes e exúvias larvares. O desenvolvimento completo requer cerca de 74 dias a 25°C e 75% de humidade relativa.

O ciclo de vida dura três a quatro meses, em condições adequadas de temperatura e humidade do ar (70%). A uma temperatura de 27° C, o tempo de desenvolvimento de uma geração varia de 43 a 72 dias, e de 140 a 243 dias a 10° C. Só pode desenvolver-se até 35° C. Os ovos são depositados junto dos produtos de que se alimentam. As larvas deslocam-se rapidamente, alimentam-se e produzem seda, criando teias. O produto adquire também um odor desagradável e uma cor cinzenta/castanha devido às fezes. Crescem completamente e formam pupas no interior dos mesmos produtos que infestam. A seda pode formar massas compactas (teias) que podem obstruir os tubos e os rebentos dos moinhos de trigo. Os adultos têm uma vida curta (cerca de 14 dias), não se alimentam e voam geralmente perto dos telhados. Voam mais ativamente ao início da manhã e ao fim da tarde.

6.18. ESCARAVELHO CADELA, *TENEBROIDES MAURITANICUS* (LINNAEUS): O Cadelle é uma espécie de origem africana, mas já se espalhou por todas as partes do mundo. Os adultos e as larvas alimentam-se de cereais, alimentos para pequeno-almoço, batatas, frutos secos com e sem casca ou fruta, e preferem pôr os ovos debaixo das abas das caixas de cartão. Alimentam-se não só de cereais integrais, mas também de farinha e de uma variedade de outros produtos. A cadela pode ter sido originalmente um predador. Ataca as larvas de outros insectos que infestam os cereais, nomeadamente *Plodia interpunctella* e *Oryzaephilus surinamensis.* Outra particularidade deste inseto é o seu hábito de se enterrar na madeira dos silos de cereais ou de outras estruturas de madeira, provocando por vezes o seu desmoronamento. Pode permanecer aí durante longos períodos e em grande número. O adulto é preto brilhante, alongado, oblongo e achatado, com cerca de 8 a 9 mm de comprimento. É um dos maiores escaravelhos que infestam os cereais. O protórax está distintamente separado do resto do corpo por uma junta solta e proeminente. Os machos distinguem-se das fêmeas pelas numerosas e finas perfurações na face ventral do abdómen, enquanto que as perfurações nas fêmeas são menos numerosas e mais grosseiras.

As fêmeas põem cerca de 1 000 ovos soltos em farinha, cereais ou outros géneros alimentícios. Bond e Monro (1954) criaram a cadela em culturas de farinha de aveia contendo bolores ou leveduras. Verificaram que a fêmea deposita os seus ovos em aglomerados no alimento ou que os embala em fendas. Uma fêmea produziu um máximo de 3 581 ovos. Os ovos são colocados em grupos de 10 a 60 ovos nos alimentos. Os ovos eclodem em cerca de 10 dias. A larva carnuda, branca a branco-acinzentada, tem uma cabeça preta e uma placa preta com duas projecções pretas córneas na ponta do abdómen e as larvas podem atingir 5 cm de comprimento. O ciclo de vida pode ser tão curto como 70 dias, mas pode ser mais longo em condições desfavoráveis ao desenvolvimento do inseto. As fêmeas vivem geralmente um ano. A duração do período larvar varia consoante o ambiente e pode ir de 38 a 414 dias. A cadela pode sofrer de três a sete mudas, com uma média de quatro mudas. As larvas e os adultos são grandes e podem viver sem alimento durante 52 dias (adultos) a 120 dias (larvas). As larvas alimentam-se de uma grande variedade de cereais, bem como de farinha, farinhas, biscoitos e pão, legumes, frutos secos, etc. Verificou-se que uma larva é capaz de destruir o poder germinativo de 10.000 grãos. As larvas, quando atacam cereais como o trigo e a aveia, limitam-se geralmente ao embrião. Ao migrar da sua fonte de alimento para se transformar em pupa, ocorre acidentalmente em locais pouco usuais, como livros, rolos de carpete, tapetes e garrafas de leite. A cadela torna-se pupa em 8 a 25 dias. Nos países mais temperados, pode haver duas gerações e uma terceira parcial. Nos países tropicais, acredita-se que haja três gerações.

6.19. LARVA DA FARINHA, *TENEBRIO MOLITOR* (LINNAEUS): Os bichos-da-farinha são as larvas de duas espécies de escaravelhos pertencentes à família Tenebrionidae: o escaravelho amarelo da farinha *(Tenebrio molitor* Linnaeus, 1758) e o escaravelho escuro ou mini da farinha *(Tenebrio obscurus* Fabricius, 1792), mais pequeno e menos comum. Os escaravelhos da farinha são originários da Europa e estão atualmente distribuídos por todo o mundo. *O Tenebrio molitor* é uma praga dos cereais, da farinha e dos armazéns de alimentos, mas não recebe muita importância, uma vez que as populações são bastante pequenas (Ramos-Elorduy et al., 2002). O ciclo de vida de *Tenebrio molitor* tem uma duração variável que vai de 280 a 630 dias. As larvas eclodem após 10-12 dias a 18-20°C e atingem a maturidade após um número variável de fases (8 a 20), normalmente após 3-4 meses, mas a fase de larva pode durar até 18 meses. A larva adulta é de cor castanha-amarelada clara, tem 20 a 32 mm de comprimento e pesa 130 a 160 mg.

6.20. ESCARAVELHO DO GRÃO CHATO, *CRYPTOLESTESPUSILLUS* (SCHONHERR): É popularmente conhecido como "besouro do grão chato" e é comum em zonas tropicais húmidas, menos comum em climas mais frios e secos e incapaz de sobreviver em regiões temperadas. Esta espécie é necrófaga por natureza, infestando grãos que estão fora de condições e geralmente acompanha o ataque de *S. oryzae* e *T. castaneum*. Infesta a farinha, o arroz, o suji, etc. Esta espécie pode ser facilmente reconhecida pela sua cabeça transversal, linha mediana no vértice presente, vértice finamente, densamente e estreitamente pontuado e pubescente, antenas 11-articuladas e mais longas no macho do que na fêmea. A espécie é alongada, achatada, de lados paralelos, castanho-avermelhada, densamente e finamente pubescente. Os machos distinguem-se facilmente das fêmeas, especialmente no que se refere às características antenais. A antena dos machos é tão comprida como o corpo, com as articulações 9-11 formando um clube indistinguível. Nas fêmeas, a antena nunca excede dois terços do comprimento do corpo e as articulações 9-11 formam um clube bastante distinto. Os adultos são aparentemente incapazes de atacar os grãos sãos, mas as larvas infestam a parte germinativa dos grãos. A fêmea adulta põe geralmente 100-140 ovos, as larvas são muito activas, planas, moderadamente alongadas, ligeiramente estreitas à frente e atrás, com urogomphi fortemente quitinizado. A fase larvar dura 2-4 semanas. A pupação tem lugar dentro do casulo formado por materiais finos e sedosos. Em condições favoráveis, as espécies completam o seu desenvolvimento desde o ovo até à fase adulta em cerca de 6-9 semanas. Aitken (1975) observou que a temperatura limite mais baixa para o desenvolvimento se situa entre 15°C e 17°C e a humidade relativa mais baixa é de 50% e que o ciclo de vida mais curto registado é de 21 dias a 37°C e 80% de humidade.

6.21. ESCARAVELHO DO CIGARRO, *LASIODERMA SERRICORNE* (FABRICIUS): É vulgarmente conhecido como "escaravelho do cigarro" e é uma praga grave do tabaco e seus produtos, especiarias, bagaço de oleaginosas e também ataca a farinha de sagu e os cereais armazenados. A espécie pode ser facilmente reconhecida pelo seu tamanho pequeno (2-4 mm), oval, amarelo-avermelhado a acastanhado, cabeça curvada para baixo em ângulo reto em relação ao corpo, articulações antenais 4-10 serrilhadas, tarsos simples e a sua fórmula 5-5-5, e élitros não estriados. Esta espécie está amplamente distribuída nas regiões tropicais e subtropicais. As fêmeas são capazes de pôr ovos (cerca de 100 ovos) logo após a emersão de uma semana. As larvas recém-eclodidas são muito activas, negativamente fototácticas e capazes de penetrar em buracos minúsculos, podendo atacar cereais, grãos e sementes de leguminosas não danificados. O 4th instar larvar pára de se alimentar e constrói uma célula sobre uma base firme, na qual ocorre a pupação. O desenvolvimento larvar demora 17-30 dias, mas pode ser mais longo em condições mais frias. A pupação demora 3 a 10 dias. O período total de desenvolvimento desde o ovo até ao adulto é bastante variável mas, em condições favoráveis, demora entre 6 a 8 semanas. Este escaravelho reproduz-se em qualquer lugar a temperaturas superiores a 19°C e a uma UR de 20-30%, mas 30-35°C e 60-80% de UR são óptimos e nenhum desenvolvimento ocorre abaixo de 18^0 C.

6.22. ESCARAVELHO DE KHAPRA, *TROGODERMA GRANARIUM* **(EVERTS):** É vulgarmente conhecido como "escaravelho Khapra", que ataca uma vasta gama de cereais, oleaginosas e seus derivados. *O Trogoderma granarium* pode ser reconhecido pelo seu tamanho pequeno (entre 1,5 e 3 mm de comprimento), forma convexa e oval, cor que varia entre o castanho pálido e o preto, antenas algo robustas, subserrilhadas, com pedicelo pequeno, taco antenal de quatro segmentos, olhos uniformemente arredondados, élitros mais ou menos unicolores ou com marcas indistintas castanho-avermelhadas. O dimorfismo sexual é bem marcado, os machos são mais pequenos e, frequentemente, as fêmeas têm cerca do dobro do tamanho dos machos.

Sendo uma praga primária, danifica o grão começando pelas porções de gérmen e prefere geralmente matérias vegetais secas, mas é uma praga grave de leguminosas quebradas, sementes oleaginosas e respectivos bagaços, etc. Os danos são causados principalmente pelas larvas, que reduzem o grão a uma fração e os adultos têm vida curta e são inofensivos. A muda excessiva da espécie cria uma discriminação pública e é menos atractiva para o mercado devido à insanidade causada pelos pêlos e pelas peles fundidas. A fêmea adulta põe 80-125 ovos. As larvas são activas, movem-se e alimentam-se livremente, são de cor castanha amarelada e estão cobertas de pêlos longos. As larvas são muito resistentes à fome e podem viver meses ou mesmo anos sem alimento. O hábito de se esconderem em fendas e rachas é muito caraterístico. Como tal, é muito difícil de matar com insecticidas de contacto. A pupação tem lugar na superfície dos grãos a granel e nos bordos sobrepostos dos sacos. O período pupal dura 5 a 8 dias. Os adultos têm uma vida curta, de cerca de 14 dias, e são inofensivos. O ciclo de vida completa-se em 25 dias em condições óptimas (35°C), com cerca de 12 gerações por ano. Em condições favoráveis, reproduzem-se tão rapidamente que as larvas aparecem frequentemente em enorme profusão na camada superficial do grão.

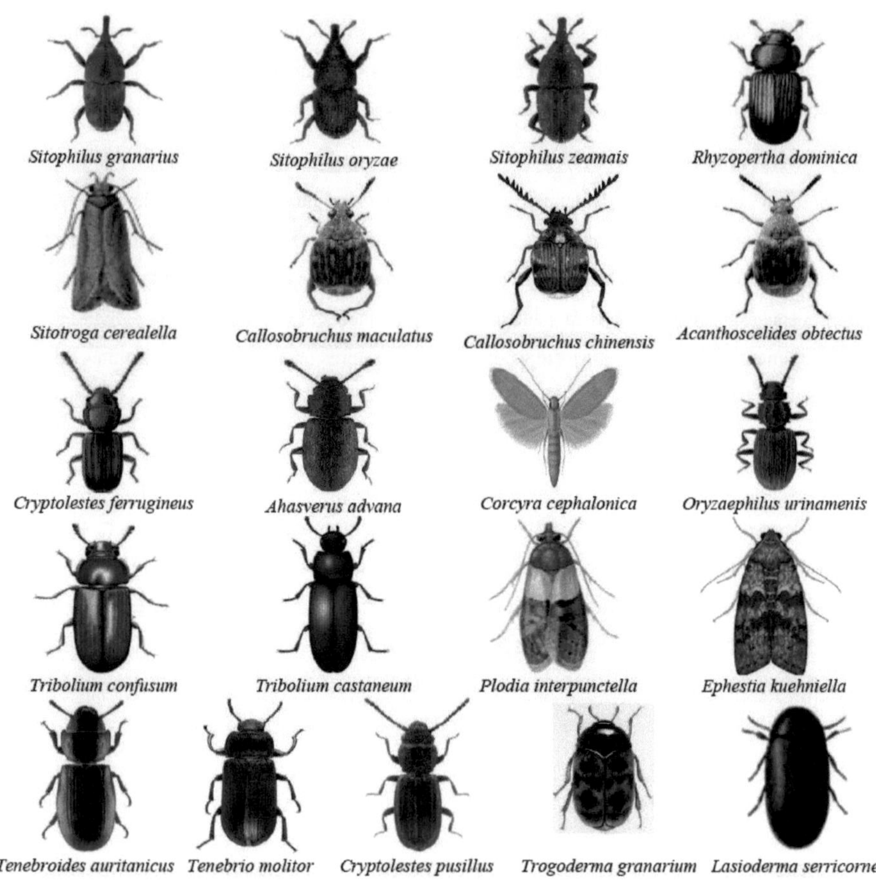

FIGURA 12. PRAGAS COMUNS DE INSECTOS DOS CEREAIS ARMAZENADOS

CAPÍTULO 7. CONTROLO DAS PRAGAS DE INSECTOS DOS CEREAIS ARMAZENADOS

A fim de controlar as pragas de insectos dos grãos armazenados para reduzir as perdas, devem ser seguidos os seguintes passos:

Controlo: Um programa de inspeção ou de vigilância que permita detetar rapidamente um possível problema (presença, nível e origem) é o primeiro e essencial passo.

Identificação: A determinação da extensão e da natureza do possível problema (espécie, tipo, nível e meio de transmissão) é o passo seguinte.

Plano de controlo: A etapa final é a elaboração de um plano de controlo do problema (integração de todos os meios possíveis para conseguir um controlo bom, barato e seguro das pragas).

MONITORIZAÇÃO:

A forma mais fácil de evitar danos causados por insectos nocivos é impedir a sua ocorrência e propagação. A inspeção e a monitorização são excelentes ferramentas para a deteção precoce da infestação por insectos.

Inspeção: Deve ser efectuada frequente e exaustivamente para detetar problemas reais ou potenciais e avaliar a sua gravidade. É importante que seja programada regularmente e realizada por pessoas formadas e qualificadas, com conhecimentos adequados sobre as pragas de insectos dos grãos armazenados.

Monitorização da infestação por insectos: A monitorização da infestação por insectos deve ser efectuada pelos seguintes métodos:

- Observações visuais por amostragem, peneiração e contagem

- Deteção de infestação latente através de produtos químicos, raios X e amplificação de som

- Utilização de atractivos: As feromonas sintéticas e os atractivos alimentares são ferramentas valiosas quando os insectos são difíceis de localizar e a sua população é difícil de avaliar

- Use estações de isco para insectos atraentes, especialmente para traças e escaravelhos.

- A utilização de armadilhas luminosas funciona como um sistema de controlo de alerta precoce.

- A combinação dos métodos acima é a melhor opção

A presença de qualquer uma das seguintes condições na amostra de grãos é uma indicação da presença de insectos:

- Agregação de grãos

- Cárie ou pó

- Cheiro desagradável

- Temperatura do saco de grãos superior à temperatura ambiente

- A presença de manchas brancas no revestimento das sementes indica a existência de ovos

- Pele das larvas

IDENTIFICAÇÃO:

Para minimizar os danos causados pela infestação de insectos, é necessário desenvolver uma estratégia adequada de medidas de controlo. A identificação do(s) inseto(s) envolvido(s) é um passo importante para tal. As diferentes espécies de insectos têm comportamentos diferentes e podem não responder da mesma forma a uma medida de controlo. A identificação das espécies de insectos e da sua biologia é, por conseguinte, útil para a conceção de uma medida de controlo adequada.

PLANO DE CONTROLO:

A magnitude do problema, a seleção da medida de controlo, o risco potencial de contaminação, as instalações físicas disponíveis, o risco para os trabalhadores e o custo devem ser tidos em consideração para planear o controlo. Os esforços para proteger os cereais contra os insectos podem assumir duas formas:

- Um esforço preventivo antes da armazenagem dos cereais, a partir do momento da sua receção, mesmo que não sejam visíveis quaisquer insectos

- Um esforço curativo durante ou mesmo antes da armazenagem, se necessário

Em ambos os casos, os insectos devem ser mortos sem alterar a qualidade alimentar dos cereais. Mas, para isso, é necessário ter em conta algumas medidas gerais de higiene e de tratamento das instalações.

MÉTODOS GERAIS DE CONTROLO DAS PRAGAS DE INSECTOS DOS CEREAIS ARMAZENADOS

Os métodos gerais de controlo das pragas de insectos dos cereais armazenados são os seguintes

I. MÉTODOS FÍSICOS: O teor de humidade dos grãos é um fator muito importante para o desenvolvimento e a sobrevivência dos insectos, pelo que as variações neste teor podem desempenhar um papel fundamental no controlo das pragas de insectos. Os grãos alimentares com um teor de humidade inferior a 11% são relativamente resistentes ao ataque de insectos, ao passo que um teor de humidade superior a 15% torna os grãos susceptíveis a quase todos os tipos de ataque de insectos. Por conseguinte, sugere-se que, antes de serem armazenados, os grãos sejam secos à luz do sol, de modo a que o seu teor de humidade não seja superior a 8%.

A aplicação de calor (55-60^0 C) e de frio (abaixo de 13^0 C) é muito eficaz para manter sob controlo a população de insectos que atacam os cereais armazenados. A aplicação de calor e frio até à temperatura letal para os insectos é útil, mas deve ser altamente controlada, uma vez que prejudica as propriedades físicas e nutricionais dos grãos.

O controlo por radiação envolve a supressão de insectos nocivos através da aplicação de radiação ionizante. Quando aplicada numa determinada dose, a radiação causa efeitos deletérios nos insectos pragas. Quando gerido corretamente, este efeito pode ser utilizado na gestão de pragas. Para além da letalidade direta, a radiação potencial é utilizada para controlar os insectos através da técnica do macho estéril.

II. MÉTODOS MECÂNICOS: Os escaravelhos adultos, sendo muito fracos e tendo uma vida curta, não podem mover-se na massa de grãos e estão limitados à camada superior de 15 cm. Mesmo os adultos que emergem do material infetado não podem mover-se no espaço intergranular e podem morrer antes do acasalamento. O espaço intergranular varia consoante o tamanho das diferentes leguminosas. O movimento dos adultos do escaravelho das leguminosas pode ser evitado colocando uma camada de 7-10 cm de areia seca no topo da massa de grãos. Também se pode utilizar argila seca activada para este fim. Para evitar que a areia ou a argila se misturem com o material, pode colocar-se uma folha de papel ou de polietileno na parte superior da superfície do grão de leguminosa e, em seguida, a areia ou a argila.

III. MÉTODO QUÍMICO: As formulações mais comuns são os pós, os fumigantes, os grânulos, as misturas inseticida-fertilizante, os pós molháveis, as soluções, os concentrados emulsionáveis e os aerossóis. Alguns protectores de cereais sob a forma de pó são misturados com os cereais para proteção contra os insectos dos cereais armazenados. Estas poeiras foram classificadas em dois tipos, com base no seu modo de ação: a) poeiras minerais ou inertes e b) poeiras químicas. As poeiras minerais ou inertes criam um obstáculo físico entre os grãos e os insectos e pensa-se que matam os insectos pragas através da dessecação. Não são tóxicas para o homem. As poeiras inertes geralmente utilizadas para proteger os grãos são as cinzas de madeira ou de carvão, a cal queimada, o sal comum (cloreto de cálcio), o gesso (sulfato de cálcio), a magnesite (carbonato de magnésio), o óxido e o hidróxido de magnésio, a sílica, etc. As poeiras químicas causam a morte dos insectos dos cereais armazenados devido ao seu efeito tóxico. As poeiras químicas devem ser aplicadas para proteger os grãos para fins de sementeira, uma vez que a sua utilização indiscriminada e descuidada pode causar danos aos consumidores. As poeiras químicas mais comuns são o bórax, o carbonato de cobre, o fluoreto de sódio, os fluossilicatos de sódio/cálcio, o fluossilicato de bário, o cloreto de cálcio, etc.

A fumigação é o processo em que são utilizadas concentrações letais de insecticidas, sob a forma gasosa, para matar as pragas de insectos dos cereais armazenados. A fumigação é, geralmente, mais eficaz em armazéns fechados. Todos os fumigantes são mais ou menos tóxicos para os animais e os seres humanos, pelo que devem ser tomados cuidados e precauções adicionais para evitar a sua exposição excessiva. Os fumigantes habitualmente utilizados para combater as pragas dos cereais armazenados são o acrilonitrilo, o dissulfureto de carbono, o tetracloreto de carbono, a cloropicrina, o dibrometo de etileno, o brometo de metilo, o dicloreto de etileno, o óxido de etileno, o cianeto de hidrogénio, o fosfureto de hidrogénio (fosfina), o tricloroetileno, o formato de metilo, o tricloroacetonitrito, o dióxido de enxofre, etc. Geralmente, estão disponíveis dois tipos de fumigantes para fins de fumigação no programa de gestão de pragas de insectos de grãos armazenados:

(a) Brometo de metilo: Tem uma ação rápida e os grãos podem ser arejados após 12-24 horas da sua aplicação. No entanto, é altamente tóxico, incolor e inodoro. Tem um efeito residual no grão e acumula-se no corpo humano. Por esta razão, o brometo de metilo não deve ser utilizado como fumigante no controlo dos insectos dos cereais armazenados.

(b). Fosforeto de magnésio ou de alumínio: O gás libertado por este produto químico é conhecido como Fosfina. Este fumigante tem uma excelente capacidade de penetração. O peso do gás fosfina é semelhante ao do ar, pelo que se mistura facilmente com o ar e se espalha por todos os grãos armazenados. É muito eficaz contra a maioria das pragas, mas afecta o sabor ou o cheiro dos grãos fumigados. Não tem qualquer ação residual sobre os grãos, pelo que pode ser utilizado com segurança em grãos alimentares. Além disso, não afecta a capacidade germinativa das sementes e, por conseguinte, também pode ser utilizado com segurança para o armazenamento de sementes. Dependendo do tempo de utilização do brometo de metilo ou da fosfina, a duração da fumigação deve ser de 24-48 horas para o brometo de metilo ou de um mínimo de cinco dias para a fosfina.

Uma vez que os pesticidas têm a vantagem de estarem facilmente disponíveis no mercado, de serem eficazes na ação curativa, de serem adaptáveis à maioria das situações e de serem flexíveis na resposta às condições agronómicas e ecológicas em mudança, a utilização de produtos químicos no controlo de pragas continua a ser o método mais comum adotado pela maioria dos agricultores do mundo.

IV. MÉTODOS BIOLÓGICOS: O método biológico de controlo de pragas significa manter a população de pragas sob controlo expondo-as aos seus predadores e parasitas, que por sua vez as matam. As larvas de *S. oryzae* e *S. granarius* são parasitadas por *Aplastomorpha calandrae* (Hymenoptera: Pteromalidae) e *Lariophagus distinguendes* (Hymenoptera: Pteromalidae). O *Pediculoides ventricosus* (ácaro) é predador das larvas destas pragas. As larvas da traça-das-farinhas-da-índia, *Plodia interpunctella,* são parasitadas por *Limneria ephestiae* (Hymenoptera: Ichneumonidae), *Microbracon hebetor* (Hymenoptera: Braconidae), etc. A bactéria *Bacillus thuringiensis* afecta as larvas da traça. A toxina libertada pela bactéria paralisa/mata as larvas quando a ingerem. *A Cadra cautella* e a *Plodia interpunctella*, quando expostas ao vírus poliédrico nuclear e ao vírus da granulose, respetivamente, morrem devido à infeção da traqueia, do intestino e da pele. Uma vez que estes vírus são altamente específicos do hospedeiro, não é provável que os seres humanos e outros animais sejam afectados. Verifica-se que muitos adultos e larvas de Coleoptera, Diptera e Hemiptera são predadores dos adultos e das fases larvares das diferentes pragas dos grãos armazenados.

Este método de controlo de pragas tem várias vantagens em relação a muitos outros tipos de controlo, uma vez que é relativamente seguro, permanente e económico. Uma pequena desvantagem é o facto de poder demorar muito tempo a ser implementado devido à investigação e aos esforços iniciais envolvidos na sua criação. No entanto, a segurança deste método é extraordinária. Uma vez que muitos inimigos naturais são específicos do hospedeiro ou estão limitados a algumas espécies estreitamente relacionadas, é improvável que as espécies não visadas sejam afectadas. O potencial de um inimigo natural bem sucedido é aquele que tem uma elevada capacidade de procura; uma elevada taxa de reprodução; um elevado grau de especificidade do hospedeiro; uma boa sincronização com o hospedeiro; e um elevado grau de adaptabilidade a uma vasta gama de condições ecoclimáticas.

IV. FEROMONAS: O termo "feromona" deriva das palavras gregas "pherein" (transportar) e "horman" (excitar/estimular). Com base no seu efeito, as feromonas podem ser divididas em, pelo menos, quatro categorias: feromonas de agregação, feromonas de alarme, feromonas sexuais e feromonas de ensaio.

Feromonas de agregação: Aumentam a concentração de insectos na fonte de feromona. São geralmente produzidas pelos machos na maioria dos insectos.

Feromonas de alarme: Estimulam o comportamento de fuga ou de defesa do inseto.

Feromonas sexuais: Ajudam os indivíduos do sexo oposto a encontrarem-se uns aos outros. São geralmente produzidas pelas fêmeas na maioria dos insectos.

Feromonas de rasto: Estas ajudam a marcar o caminho para uma fonte de alimento em insectos sociais ou a marcar os limites de um território.

As feromonas são principalmente utilizadas para a monitorização e deteção de pragas de insectos de grãos armazenados, para que se possam tomar decisões de gestão eficientes. Nos últimos anos, as feromonas sintéticas são amplamente utilizadas para monitorizar o nível de infestação, o que é rentável. Outra vantagem da sua aplicação é a sua eficácia biológica. Para além da monitorização e deteção, as feromonas são utilizadas para suprimir as populações de pragas de produtos armazenados através de armadilhas em massa. Para reduzir a população de parasitas, é necessário matar uma grande maioria de machos, de modo a que as fêmeas permaneçam sem acasalamento, ou destruir o acasalamento. Os machos são atraídos para um alvo utilizando feromonas específicas da espécie, onde são mortos por métodos mecânicos ou químicos. Do mesmo modo, a perturbação do acasalamento é outro método de controlo da população de pragas em que uma elevada proporção de machos não acasala com as fêmeas, seguindo pistas falsas. Entre os insectos de grãos armazenados, as feromonas sexuais produzidas pelas fêmeas são utilizadas por todas as traças e alguns escaravelhos da família Anobiidae, Bruchidae e Dermestidae. Por outro lado, as feromonas de agregação produzidas pelos machos são utilizadas pelos escaravelhos das famílias Bostrichidae, Cucujidae, Curculionidae e Tenebrionidae. As feromonas bem caracterizadas são o (Z,E)-3,7,11-Trimetil-2,6,10-dodecatrienal e o (E,E)-3,7,11-Trimetil-2,6,10-dodecatrienal dos machos de *Corcyra cephalonica*. Do mesmo modo, as fêmeas de *Cadra cautella* produzem acetato de (Z,E)-9,12-Tetradecadienilo. As feromonas de agregação produzidas pelos machos, Dominicalure 1 e Dominicalure 2, revelaram-se úteis para evitar a infestação de *R. dominica*, a broca menor do grão.

V. CONTROLO LEGAL: O controlo legal envolve o controlo de pragas de insectos através da promulgação de legislação que aplica medidas de controlo ou impõe regulamentos, tais como quarentenas, para impedir a introdução ou a propagação de pragas de insectos. Os regulamentos relativos à importação de plantas são constantemente analisados e revistos de acordo com as últimas informações científicas internacionais disponíveis sobre todos os aspectos das pragas e doenças. Também opera para estabelecer tolerância para resíduos venenosos nos alimentos, para regular a venda de insecticidas de forma a proteger o comprador contra fraudes, para autorizar e apoiar campanhas de extermínio e para fornecer instalações para investigações necessárias para estabelecer práticas de controlo.

As medidas de quarentena são quase relevantes para um país como a Índia, cuja economia se baseia maioritariamente na agricultura. [th]A sensibilização para as medidas de quarentena na Índia começou no início do século XX, quando o Governo indiano ordenou a fumigação obrigatória dos fardos de algodão importados para evitar a introdução do temido gorgulho mexicano do algodão *(Antonymous grandis)* em 1906. Em 3 de fevereiro de 1914, entrou em vigor a lei geral sobre a quarentena das plantas, conhecida como lei sobre os insectos e as pragas destrutivas (DIP Act). Ao longo dos anos, a Lei DIP foi revista e alterada várias vezes. No entanto, tem de ser revista e alterada periodicamente para satisfazer as exigências crescentes do comércio liberalizado no âmbito da OMC. Em 1946, foi criada a Direção de Proteção das Plantas, Quarentena e Armazenamento, sob a tutela do Ministério da Alimentação e da Agricultura. Em 1946, a atividade de quarentena vegetal começou com o início do esquema de introdução de plantas na Divisão de Botânica do Instituto de Investigação Agrícola da Índia (IARI), em Nova Deli. Em outubro de 1949, a Direção iniciou as suas actividades de quarentena no porto marítimo de Bombaim. Em 25 de dezembro de 1951, foi formalmente inaugurada a primeira estação de quarentena e fumigação de plantas na Índia. Em agosto de 1976, foi criado o Gabinete Nacional de Recursos Genéticos Vegetais (NBPGR). Em 1978, foi criada a Divisão de Quarentena Vegetal com secções de Entomologia, Fitopatologia e Nematologia. Em outubro de 1988, entrou em vigor a Ordem das Plantas, Frutos e Sementes (Regulamentação da Importação para a Índia) de 1989, popularmente conhecida como Ordem PFS.

Com o objetivo de fornecer aos agricultores os melhores materiais de plantação disponíveis no mundo para maximizar a produtividade por unidade de superfície e de incentivar a indústria privada de sementes na Índia, não só para satisfazer as necessidades internas, mas também para desenvolver o potencial de exportação de materiais de plantação de alta qualidade. O Governo indiano anunciou uma nova política de desenvolvimento de sementes em setembro de 1988. As principais características da atual regulamentação em matéria de quarentena vegetal na Índia são as seguintes

i. Nenhuma remessa de sementes/materiais de plantação pode ser importada para a Índia sem uma "licença de importação" válida, que deve ser emitida por uma autoridade competente a anunciar periodicamente pelo governo central no boletim oficial.

ii. Nenhuma remessa de sementes/materiais de plantação será importada para a Índia se não for acompanhada de um certificado fitossanitário emitido pelo serviço oficial de quarentena vegetal do país de origem.

iii. Todas as remessas de plantas e sementes para sementeira, propagação ou plantação devem ser importadas para a Índia através de estações aduaneiras terrestres, portos marítimos de importação e outros pontos de entrada que possam ser especificamente notificados periodicamente pelo governo central, onde devem ser inspeccionadas e, se necessário, fumigadas e desinfectadas por um funcionário de quarentena autorizado antes de a quarentena ser autorizada.

iv. O feno, a palha ou qualquer outro material de origem vegetal não podem ser utilizados como material de embalagem.

v. Não é permitida a importação de solo, terra, areia, composto e produtos fitofarmacêuticos que acompanhem as sementes/material de plantação. No entanto, o solo pode ser importado para fins de investigação ao abrigo de uma autorização especial emitida pelos serviços de proteção fitossanitária do Governo da Índia. A Lei DIP autoriza o Governo Central a adotar regras para regulamentar a importação de sementes/materiais de plantação para a Índia, bem como a circulação de materiais de uma região para outra no interior do Estado.

Embora a Direção tenha sido criada em 1946, a primeira Estação de Quarentena de Plantas (PQS) foi estabelecida em Mumbai em 1949, seguida pelas PQS de Chennai em 1950, Amritsar em 1954, Cochin em 1955, Kolkata em 1956, Visakhapattinam em 1957 e Tuticorin e Bhavnagar em 1968.

Atualmente, existem 35 SQP a funcionar em vários portos marítimos, aeroportos e estações fronteiriças terrestres, para além de 61 depósitos interiores para efetuar a inspeção de quarentena de plantas e facilitar a importação segura de plantas/materiais vegetais.

UMA ESTRATÉGIA ALTERNATIVA: O CONTROLO ECOQUÍMICO:

Entre as actuais estratégias alternativas destinadas a reduzir a utilização de insecticidas sintéticos clássicos, o controlo ecoquímico baseado nas relações entre plantas e insectos é um dos métodos mais promissores. Durante séculos, as plantas e os insectos seguiram uma evolução paralela e interdependente. Os insectos não podem viver sem as plantas e vice-versa. Os mediadores químicos são utilizados na comunicação entre espécies, especialmente os aleloquímicos. Estas moléculas não nutritivas, produzidas por um organismo, modificam o comportamento e/ou a biologia de um organismo de outra espécie. Os aleloquímicos derivados de plantas exercem uma vasta gama de influências sobre os insectos. Podem ser repelentes, dissuasores ou antifeedantes. Podem inibir a digestão, aumentar a oviposição ou diminuir a reprodução através de efeitos ovicidas e larvicidas. Estas moléculas actuam geralmente em doses baixas com uma ação específica. Muito poucas são tóxicas para os mamíferos. A maior parte delas são classificadas como produtos secundários das plantas e são classificadas como alcalóides, polifenólicos, terpenos e isoprenóides ou glucósidos cianogénicos (Strebler 1989). A utilização de extractos de plantas, incluindo compostos aleloquímicos como os óleos essenciais, com efeitos conhecidos sobre os insectos, pode constituir um método alternativo para substituir os insecticidas sintéticos clássicos. Este método poderia melhorar a biodegradabilidade dos insecticidas e, por conseguinte, diminuir a quantidade de resíduos tóxicos de insecticidas, bem como aumentar a seletividade dos insecticidas sem efeitos adversos para o ambiente. Esta estratégia alternativa baseada na identificação de moléculas insecticidas vegetais não é recente. Tradicionalmente, os seres humanos têm utilizado plantas para proteger as culturas e os cereais armazenados (Golob e Webley 1980). No século XIX, foram extraídas várias moléculas activas de plantas, nomeadamente a nicotina do tabaco, a rotenona de Papilionidae e o piretro de *Chrysanthemum* (Compositeae), que era quimicamente muito instável. A Segunda Guerra Mundial, ao perturbar as trocas económicas e comerciais, reduziu a utilização desta primeira geração de insecticidas vegetais. Consequentemente, os insecticidas sintéticos e derivados do petróleo, como os carbamatos, os organoclorados e os organofosforados, foram desenvolvidos e muito utilizados no controlo dos insectos. Este facto conduziu a riscos ecológicos consideráveis. Na década de 1970, foram sintetizados novos piretróides, que aumentaram a estabilidade das moléculas, mas induziram a resistência dos insectos. Assim, nas últimas 2-3 décadas, a investigação tem-se dedicado a encontrar outras moléculas insecticidas que possam ser extraídas de plantas (Arnason et al. 1989). A azadiractina extraída da *Azadirachta indica* (Meliaceae) é um dos compostos mais representativos deste tipo (Jacobson, 1986; Saxena 1989). Os grupos botânicos mais promissores são Meliaceae, Rutaceae, Asteraceae, Annonaceae, Labitae, Aristolochiaceae e Malvaceae (Jacobson 1989; Schmutterer 1990, 1992). Algumas delas são caracterizadas como plantas aromáticas. Estes extractos de plantas, especialmente os óleos essenciais, têm um grande potencial para a gestão de pragas (Saxena e Koul 1978; Gora et al. 1988; Brud e Gora 1989; Inagaski 1989; Klocke e Barnby 1989; Sharma 1993; Xu e Chiu 1994).

CAPÍTULO 8. PROBLEMAS AO NÍVEL DA PÓS-COLHEITA

É geralmente aceite que o conceito de agricultura começou há cerca de 10.000 anos e que a prática de armazenar grãos de alimentos começou há cerca de 4.500 anos, como salvaguarda contra más colheitas e fomes (Saxena et al. 1988). Desde então, as pragas de insectos surgiram como um dos principais desafios à produção agrícola antes da colheita e depois da colheita. As provas arqueológicas sugerem que a maior parte das espécies de insectos das famílias Anobiidae, Bostrichidae, Braconidae, Cleridae, Curculionidae, Dermestidae, Ptinidae, Pyralidae, Silvanidae e Tenebrionidae atualmente disponíveis para armazenamento foram encontradas em antigos túmulos egípcios (Levinson e Levinson 1985). Mais de 20 000 espécies de pragas de insectos pré e pós-colheita danificam anualmente cerca de um terço da produção mundial de alimentos, o que equivale a mais de 100 mil milhões de dólares, sendo que as perdas mais elevadas (43% da produção total) ocorrem nos países asiáticos e africanos em desenvolvimento. As culturas de arroz e de milho, os alimentos de base em muitos países em desenvolvimento, encontram-se entre as mais afectadas (Jacobson 1982; Ahmed e Grainge 1986). Nos EUA e no Canadá, 20-26% do trigo armazenado foi infestado por pragas de insectos de grãos armazenados (White et al. 1985). Na Índia, as perdas causadas por insectos representaram 6,5% dos grãos armazenados (Raju 1984). Na Etiópia, a proporção de grãos danificados devido a pragas de insectos foi de 29,3% ao nível da armazenagem do agricultor (Tadesse e Basedow 2004). Nos países tropicais, os cereais colhidos a temperaturas ambientes elevadas e armazenados perdem calor lentamente e, por conseguinte, oferecem condições ideais para um crescimento rápido de muitos insectos dos cereais (Wallbank e Greening 1976). A infestação por insectos dos cereais armazenados provoca perdas de peso e de qualidade que levam a uma redução do valor comercial e da germinação das sementes. A perda de grãos armazenados devido à infestação por insectos é um problema grave, especialmente nos países em desenvolvimento. As condições climáticas tropicais, as más condições sanitárias e a utilização de instalações de armazenagem inadequadas favorecem o ataque de pragas de insectos e são frequentemente muito favoráveis ao seu crescimento e desenvolvimento (Talukder 1995). É, pois, evidente que os cereais armazenados são necessários para assegurar um abastecimento contínuo a preços estáveis.

Os insectos são as pragas armazenadas mais prejudiciais e as mais difíceis de controlar devido ao seu pequeno tamanho, comportamento alimentar e capacidade de atacar os grãos antes da colheita. Entre as espécies de insectos que causam infestações e danos graves aos grãos armazenados, destacam-se *Tribolium castaneum, T. confusum, Rhyzopertha dominica, Sitophilus granarius, S. zeamais, Callosobruchus chinensis, C. maculatus, Oryzaephilus surinamensis, Acanthoscelides obtectus, Prostephanus truncatus, Lasioderma serricorne, Ephestia elutella* são os insectos pragas mais comuns (Irshad e Jilani 1990; Zettler e Cuperus 1990; Sayaboc et al. 1992; Talukder e Howse 1994;

Talukder e Howse 1995; Yao e Lo 1995; Benhalima et al. 2004). *Prostephanus truncatus* e *S. zeamais* foram referidos como as duas pragas mais graves do milho armazenado na África Subsariana e os agricultores necessitam urgentemente de orientações para a sua gestão adequada (Holst et al. 2000). *Callosobruchus* spp. são as principais pragas de insectos de grãos armazenados de culturas de leguminosas nas regiões tropicais e subtropicais e causam perdas económicas consideráveis (Chauhan e Ghaffar 2002).

A agricultura é um sector importante da economia indiana, representando 14% do PIB do país e cerca de 11% das suas exportações. Cerca de metade da população indiana ainda depende da agricultura como principal fonte de rendimento e é uma fonte de matéria-prima para um grande número de indústrias. Em 2011-12, a Índia atingiu uma produção de 259,32 milhões de toneladas de géneros alimentícios. A explosão demográfica, a redução das terras cultiváveis e as perdas de cereais constituem um problema grave num país em desenvolvimento como a Índia. Os cereais alimentares são submetidos a uma série de operações, como a colheita, a debulha, a peneiração, o ensacamento, o transporte, o armazenamento e a transformação antes de chegarem ao consumidor, registando-se perdas consideráveis na produção agrícola em todas estas fases. As perdas pós-colheita na Índia ascendem a 12 a 16 milhões de toneladas métricas de cereais por ano, uma quantidade que, segundo o Banco Mundial, poderia alimentar um terço da população pobre da Índia. O valor destas perdas ascende a mais de Rs. 50 000 crores por ano (Singh 2010). Ramesh (1999) referiu que o elevado desperdício e a perda de valor se devem à falta de infra-estruturas de armazenamento ao nível das explorações agrícolas. As perdas durante o armazenamento são tanto qualitativas como quantitativas. As perdas quantitativas ocorrem quando insectos, roedores, ácaros, aves e microrganismos consomem os grãos. A infestação provoca uma redução da germinação das sementes, um aumento da humidade, dos níveis de ácidos gordos livres e uma diminuição do pH e dos teores de proteínas, etc., resultando numa perda total de qualidade. As perdas de qualidade afectam o valor económico dos grãos alimentares, que resultam em preços baixos para os agricultores (Ipsita et al. 2013). As perdas pós-colheita estimadas a nível das explorações agrícolas são de 3,82 kg/q para o arroz e 3,28 kg/q para o trigo em 2003-2004 (Basavaraja et al. 2007). As perdas pós-colheita representam 9,5% da produção total de leguminosas. Entre as operações pós-colheita, o armazenamento é responsável pela perda máxima (7,5%). A transformação, a debulha e o transporte causam perdas de 1%, 0,5% e 0,5%, respetivamente (Birewar, 1984). Entre as perdas de armazenagem, as leguminosas são mais susceptíveis a danos causados por insectos (5%) do que o trigo (2,5%), o arroz (2%) e o milho (3,5%) (Deshpande e Singh, 2001). As perdas de armazenagem também variam geograficamente em função do tipo de estruturas de armazenagem utilizadas. Usha e Mohan (2007) indicaram que, em Coimbatore, as perdas de armazenagem estimadas a nível das explorações agrícolas indicavam uma perda mais elevada na grama preta (40%), seguida da grama verde (30%), do feijão-frade (30%), da grama de bengala (20%), do mochai (20%) e da grama vermelha (10%). Isto deve-se ao facto de as leguminosas serem armazenadas em sacos de artilharia ou cestos. Tudo isto sugere que deve ser dada atenção à minimização da magnitude das perdas pós-colheita, a fim de fazer face à procura atual e futura e atingir um estado de segurança alimentar. Burkholder (1977) sugeriu que um controlo mais eficaz das pragas de insectos de armazenagem nas zonas agrícolas e de armazenagem aumentaria imediatamente a quantidade de cereais e alimentos comestíveis sem qualquer aumento da produtividade agrícola. O controlo e a prevenção eficazes das pragas de insectos dos cereais armazenados são, desde há muito, o objetivo dos entomologistas de todo o mundo (Talukder 1995).

Embora se utilizem atualmente muitos métodos de controlo, a indústria agrícola exige estratégias mais seguras e mais económicas. Nos últimos anos, têm sido utilizados gases inertes, radiação, agentes patogénicos, reguladores de crescimento e feromonas para o controlo de pragas de insectos de cereais armazenados. Todos eles podem ser combinados com os métodos de controlo mais antigos no âmbito do controlo integrado de pragas, nomeadamente o saneamento, a inspeção, uma boa embalagem, boas instalações de armazenamento, etc., para obter resultados eficazes (Burkholder, 1977). Os pesticidas sintéticos são os principais instrumentos de proteção dos cereais armazenados nos países desenvolvidos. No entanto, a aplicação contínua destes insecticidas pode dar origem a problemas consideráveis, nomeadamente resistência genética das espécies de insectos, resíduos tóxicos nos produtos tratados, riscos de manuseamento, riscos para a saúde dos operadores e ressurgimento de pragas (Schoonhoven 1982; Sharaby 1988; Chiu 1989; Rembold 1989). A utilização contínua e descontrolada de insecticidas sintéticos resulta numa toxicidade direta para organismos não visados, como parasitóides benéficos, predadores, seres humanos e outros mamíferos, etc. Além disso, certas substâncias químicas podem entrar e acumular-se nas cadeias alimentares e provocar efeitos mutagénicos, genotóxicos e letais nos consumidores.

CAPÍTULO 9. RESISTÊNCIA DOS INSECTOS DE PRODUTOS ARMAZENADOS AOS PESTICIDAS

A resistência aos insecticidas é a adaptação da população de insectos-praga que resulta numa menor suscetibilidade a esse produto químico. Por outras palavras, os insectos-praga desenvolvem resistência a um determinado produto químico através da seleção natural. Trata-se de uma capacidade herdada de tolerar uma dose de inseticida que seria letal para a maioria dos indivíduos em populações selvagens normais da mesma espécie. Os insectos resistentes sobrevivem e transmitem as suas características genéticas aos seus descendentes (PBS, 2001). Simultaneamente à utilização de produtos químicos sintéticos nos programas de gestão das pragas de insectos, a resistência dos insectos aos insecticidas aumenta de dia para dia. Mais de 500 espécies de pragas desenvolveram uma resistência aos pesticidas (Anonymous 2007). De acordo com outras fontes, este número aumentou para cerca de 1000 espécies desde 1945 (Miller 2004). Os mosquitos capazes de transmitir a malária são atualmente resistentes a praticamente todos os pesticidas utilizados contra eles. Este problema é agravado pelo facto de os organismos que causam a malária também se terem tornado resistentes aos medicamentos utilizados para tratar a doença nos seres humanos.

Apesar de muitos anos de investigação sobre métodos alternativos de controlo das pragas de insectos, os insecticidas continuam a desempenhar um papel fundamental na garantia da produção alimentar em todo o mundo. Os insecticidas nem sempre são eficazes no controlo dos insectos, uma vez que muitas populações de insectos desenvolveram resistência aos efeitos tóxicos dos compostos.

Os insecticidas são utilizados para manter as populações sob controlo, mas com o tempo os insectos podem desenvolver resistência aos produtos químicos utilizados. A resistência aos insecticidas é evidente quando uma população de insectos deixa de responder às aplicações de insecticidas. Nos últimos anos, foram desenvolvidos muitos dos mecanismos de resistência. Estes mecanismos incluem o aumento do metabolismo para produtos não tóxicos, a diminuição da sensibilidade do local alvo, a diminuição das taxas de penetração do inseticida e o aumento das taxas de excreção do inseticida.

Melander (1914) relatou pela primeira vez a resistência aos insecticidas. Estudou a eficácia de um inseticida inorgânico, o enxofre de cal, contra uma praga dos pomares, a cochonilha de São José *(Quadraspidiotus perniciousus),* no estado de Washington. Um tratamento com calda sulfúrica matou todas as cochonilhas numa semana em pomares típicos, mas 90 por cento sobreviveram ao fim de duas semanas. Embora tenham sido registados poucos casos de resistência aos insecticidas antes de 1940, o número aumentou exponencialmente após a utilização generalizada do DDT e de outros insecticidas orgânicos sintéticos. Os insectos desenvolveram resistência a todos os tipos de insecticidas, incluindo inorgânicos e orgânicos, como o DDT, os ciclodienos, os organofosforados, os carbamatos, os piretróides, os análogos da hormona juvenil, os inibidores da síntese da quitina, etc.

Em muitos insectos, o problema da resistência aos insecticidas estende-se a todos os principais grupos de insecticidas. Desde o primeiro caso de resistência ao DDT em 1947, a incidência de resistência tem aumentado anualmente a um ritmo alarmante. Calcula-se que existam atualmente no mundo pelo menos 447 espécies de artrópodes resistentes a pesticidas (Callaghan 1991). A resistência ocorre em treze ordens de insectos, mas mais de 90 por cento das espécies de artrópodes com populações resistentes são Diptera (35 por cento), Lepidoptera (15 por cento), Coleoptera (14 por cento), Hemiptera (14 por cento) ou ácaros (14 por cento). O número desproporcionadamente elevado de dípteros resistentes reflecte a utilização intensa de insecticidas contra os mosquitos que transmitem doenças. As pragas agrícolas representam 59% das espécies resistentes nocivas, enquanto as pragas médicas e veterinárias representam 41%. Muitas espécies de insectos têm numerosas populações resistentes, cada uma das quais resiste a muitos insecticidas. As análises estatísticas sugerem que, no caso das pragas das culturas, a resistência evolui mais rapidamente nas espécies com um número intermédio de gerações (quatro a dez) por ano que se alimentam quer mastigando quer sugando o conteúdo celular das plantas.

Desde a primeira publicação de Parkin (1956), tem havido uma quantidade considerável de trabalhos publicados que abrangem a gestão integrada de pragas de insectos de produtos armazenados. Os problemas causados por estes insectos associados às actividades humanas residem na competição entre várias espécies, incluindo o homem, pelos recursos alimentares. Com uma escassez real de alimentos em muitos países dos diferentes continentes e a possibilidade de os produtos alimentares de base poderem diminuir num futuro próximo, a motivação para a investigação atual é elevada. As projecções actuais indicam que a população futura e o crescimento económico exigirão uma duplicação da atual produção alimentar, incluindo um aumento de 2 para 4 mil milhões de toneladas de cereais por ano (Tubiello et al. 2007). Ao mesmo tempo, o custo económico das perdas pós-colheita devido a pragas de insectos associadas é sempre um risco, mesmo que seja difícil de estimar com precisão. Os insectos e os ácaros são responsáveis pela deterioração dos alimentos armazenados, estimando-se que as perdas por eles causadas correspondam a cerca de 30% de 1800 milhões de toneladas de cereais armazenados anualmente (Haubruge et al. 1997). Apesar de todos os insecticidas aplicados, os insectos continuam a destruir anualmente mais de 30% dos alimentos no mundo. São produzidos anualmente mais de 2 mil milhões de toneladas de cereais, que fornecem dois terços do consumo total direto e indireto de proteínas (Tubiello et al. 2007). Cerca de 300 espécies diferentes de insectos de produtos armazenados são designadas como pragas, mas apenas 18 espécies são de importância económica primária. Os insectos de produtos armazenados estão adaptados à infestação de grãos crus e produtos cerealíferos e constituem uma ameaça constante para as instalações de armazenamento em todo o mundo. Os insectos nocivos pós-colheita podem ser primários, ou seja, podem atacar grãos intactos, como é o caso do género *Sitophilus,* enquanto outros são pragas secundárias, atacando grãos já danificados ou produtos derivados de grãos, como é o caso do género *Tribolium* (Parkin 1956). Os dois principais grupos de insectos que constituem as pragas pós-colheita mais importantes do ponto de vista económico são os Coleoptera (escaravelhos) e os Lepidoptera (traças). No caso dos Coleoptera, tanto as larvas como os adultos alimentam-se da cultura; estas duas fases são responsáveis pelos danos em várias culturas, incluindo milho, trigo, sorgo, cevada e outros cereais (Daglish et al. 1995). Os métodos de controlo actuais baseiam-se na utilização de insecticidas, que são geralmente os mais eficazes e constituem o único método viável de reduzir as populações de insectos pragas para níveis aceitáveis até agora (Harein e Davis 1992; Perez-Mendoza 1999). O controlo das pragas de insectos dos cereais armazenados começou com insecticidas organoclorados e organofosforados. Estes foram depois substituídos por piretróides, como o pirimifos-metilo e a deltametrina, que se revelaram muito eficazes contra os insectos. Dois fumigantes atualmente utilizados para a proteção de alimentos armazenados são a fosfina e o brometo de metilo. No entanto, a utilização de brometo de metilo foi restringida e proibida devido às suas propriedades de destruição da camada de ozono e à sua elevada toxicidade para os animais de sangue quente (Dansi et al. 1984). A fosfina continua a ser um dos insecticidas mais utilizados. O dióxido de carbono é um elemento importante que reforça a eficácia dos tratamentos em atmosfera controlada (Wang et al. 2000). Mais recentemente, verifica-se um interesse crescente em testar e utilizar óleos naturais. Os óleos essenciais são uma alternativa aos fumigantes atualmente utilizados. Papachristos e Stamopoulos (2003) classificaram-nos como fumigantes (Stamopoulos 1991), insecticidas de contacto (Saxena et al. 1992), repelentes (Saim e Meloan 1986), antifeedantes (Harwood et al. 1990) e efeitos inibidores do desenvolvimento (Gunderson et al. 1985).

QUADRO. 15. ESTADO DE RESISTÊNCIA AOS INSECTICIDAS DAS PRINCIPAIS PRAGAS DE INSECTOS DOS PRODUTOS ARMAZENADOS (ABRIL DE 2007).

Espécies	Número de insecticidas resistentes a
Callosobruchus maculatus	02
Cryptolestes ferrugineus	01
Lasioderma serricorne	01
Oryzaephilus surinamensis	11
Rhyzopertha dominica	08
Sitophilus granarius	10
Sitophilus oryzae	08
Sitophilus zeamais	09
Tribolium castaneum	34

97

A resistência a insecticidas como o malatião, o pirimifosmetilo e o fenitrotião foi comunicada, por exemplo, em *R. dominica, S. oryzae, S. zeamais* e *T. castaneum* (Guedes et al. 1994). *S. zeamais* é resistente ao DDT e à deltametrina (Lorini e Galley 1999). A resistência ao DDT e aos piretróides foi registada no início dos anos 90 e, mais recentemente, foram registados alguns casos de resistência aos organofosforados e aos piretróides (Fragoso et al. 2003; Ribeiro et al. 2003). Perez-Medoza (1999) registou resistência em estirpes de *S. zeamais* no México. O *O. surinamensis* foi descrito como resistente a insecticidas comummente utilizados, como o fenitrotião, o pirimifos-metilo e o clorpirifos-metilo (Beckett et al. 1996). As estirpes recolhidas no terreno revelaram resistência ao DDT, lindano, malatião, pirimifos-metilo, deltametrina e permetrina. A resistência a fumigantes como a fosfina, o brometo de metilo e o dibrometo de etileno também foi registada em diferentes partes do mundo (Srivastava, 1980; Mills 1983; Tyler et al. 1983; Zettler 1990; Athie et al. 1998). Atualmente, sabe-se que pelo menos 11 espécies de insectos de produtos armazenados desenvolveram resistência à fosfina (Chaudhry 2000). Infelizmente, na maioria destes casos, os mecanismos de resistência não são comunicados nem estudados. Hemingway e Ranson (2000) e Li et al. (2007) decifraram as vias bioquímicas e moleculares da resistência desenvolvida pelos insectos. Hemingway e Ranson (2000) descreveram os mecanismos de resistência que envolvem a modificação do sítio alvo e a resistência metabólica. As mutações no local-alvo (recetor GABA, mutação AchE, mutação kdr) conduziram à insensibilidade ao inseticida, enquanto a resistência metabólica, que envolve as enzimas esterase, monooxigenase e glutationa S-transferase, aumentou. Recentemente, Li et al. (2007) descreveram o envolvimento de elementos transponíveis, a tolerância alquímica e os mecanismos moleculares da resistência metabólica.

MECANISMOS DE RESISTÊNCIA AOS INSECTICIDAS:

A resistência a um inseticida está frequentemente relacionada com uma resistência anterior a outra molécula. Um estudo sobre os mecanismos de resistência do *Sitophilus zeamais* do Brasil mencionou que a resistência ao knockdown (kdr) em insectos resistentes se deve a uma alteração do local de ação dos insecticidas (Guedes et al. 1995). Observou-se que a kdr era o principal mecanismo de resistência envolvido na resistência à cipermetrina e à permetrina, que não eram utilizadas contra pragas de grãos armazenados no Brasil. Esses resultados sugerem que a resistência cruzada a piretróides em populações brasileiras de gorgulho do milho foi devida ao uso intenso de DDT no passado. Chapman e Penman (1979) descreveram a resistência cruzada como uma resistência a um composto que confere resistência a outros compostos do mesmo grupo. De acordo com Ishaaya (2001), a resistência cruzada surge quando uma estirpe (ou população, ou espécie) resistente a um inseticida se torna resistente a outro inseticida. As resistências múltiplas ocorrem quando uma população ou estirpe de insectos que desenvolveu resistência a um inseticida apresenta resistência a outros insecticidas com os quais nunca esteve em contacto, ou quando os insectos desenvolvem resistência a vários compostos através da expressão de múltiplos mecanismos de resistência. Existem várias formas de os insectos se tornarem resistentes aos pesticidas e os parasitas apresentam frequentemente mais do que um destes mecanismos ao mesmo tempo.

Resistência comportamental: Os insectos resistentes podem detetar ou reconhecer e evitar o inseticida. Este mecanismo de resistência foi referido para várias classes de insecticidas, incluindo organoclorados, organofosforados, carbamatos e piretróides. Os insectos podem simplesmente deixar de se alimentar se se depararem com determinados insecticidas ou abandonarem a zona onde se procedeu à pulverização. Sabe-se que alguns insecticidas piretróides são repelentes para *R. dominica* e estudos demonstraram que os insectos evitam os grãos tratados (Collins 1998; Lorini e Galley 1998). Barson et al. (1992) demonstraram que o comportamento de evitamento de *O. surinamensis* não dependia apenas da sensibilidade relativa de cada estirpe ao tóxico, mas também da qualidade da dieta em termos de valor nutricional e de locais de postura.

Resistência metabólica: Os insectos resistentes podem desintoxicar ou destruir o inseticida mais rapidamente do que os insectos susceptíveis ou excretar rapidamente o inseticida. A resistência metabólica é o mecanismo mais comum e representa frequentemente o maior desafio. Os insectos utilizam os seus sistemas enzimáticos para decompor os insecticidas. As estirpes resistentes podem possuir níveis mais elevados ou formas mais eficientes destas enzimas. Para além de serem mais eficientes, estes sistemas enzimáticos podem ter um amplo espetro de atividade, ou seja, podem degradar muitos insecticidas diferentes. A supressão da resistência por um sinergismo específico sugere que as enzimas de desintoxicação estão envolvidas nos mecanismos de resistência.

Na resistência metabólica, o metabolismo enzimático normal do inseto é modificado para aumentar a desintoxicação dos insecticidas ou impedir a sua ativação. As enzimas responsáveis pela desintoxicação de xenobióticos nos organismos vivos são transcritas por membros de grandes famílias multigénicas de esterases, oxidases e glutatião transferases (GST). Os mecanismos de resistência mais comuns nos insectos são níveis ou actividades modificados de enzimas de desintoxicação de esterases que metabolizam (hidrolisam ligações de ésteres numa vasta gama de insecticidas. Estas esterases compreendem seis famílias de proteínas pertencentes à superfamília de dobras α/β hidrolase. Em Diptera, ocorrem como um grupo de genes no mesmo cromossoma. Os membros individuais do grupo de genes podem ser modificados em casos de resistência a insecticidas, por exemplo, alterando um único aminoácido que converte a especificidade de uma esterase numa hidrolase de inseticida ou existindo como cópias de genes múltiplos que são amplificados em resistência. As oxidases do citocromo P450, também designadas por oxigenases, metabolizam os insecticidas através da hidroxilação de alquilos O, S e N, da hidroxilação e epoxidação de alifáticos, da hidroxilação de aromáticos, da oxidação de ésteres e da oxidação de azoto e tioéteres. Os citocromos P450 pertencem a uma vasta superfamília. Das 62 famílias de P450 reconhecidas em animais e plantas, pelo menos quatro (famílias 4,6,9,18) foram isoladas de insectos. As P450 oxidases de insectos responsáveis pela resistência pertencem à família 6, que, tal como as esterases, ocorre nos Diptera como um grupo de genes. Os membros do agrupamento podem ser expressos sob a forma de alelos múltiplos. Os níveis aumentados de oxidases em insectos resistentes resultam de

sobreexpressão em vez de amplificação. As GSTs são uma família diversificada de enzimas que se encontram ubiquamente em organismos aeróbicos. Desempenham um papel central na desintoxicação de compostos endógenos e xenobióticos e estão também envolvidas no transporte intracelular, na biossíntese de hormonas e na proteção contra o stress oxidativo. As GST podem metabolizar insecticidas facilitando a sua desidrocloração redutora ou através de reacções de conjugação com glutatião reduzido, para produzir metabolitos solúveis em água que são mais facilmente excretados. Além disso, contribuem para a remoção de espécies tóxicas de radicais livres de oxigénio produzidas pela ação dos insecticidas.

Resistência à penetração: Os insectos resistentes podem absorver os insecticidas mais lentamente do que os insectos susceptíveis. A resistência à penetração ocorre quando a cutícula externa do inseto desenvolve barreiras que podem retardar a absorção do inseticida pelo seu corpo. Isto pode proteger os insectos de uma vasta gama de insecticidas. A resistência à penetração está frequentemente presente juntamente com outras formas de resistência, e a redução da penetração intensifica os efeitos de outros mecanismos.

Resistência alterada do sítio alvo: O local onde o inseticida normalmente se liga no inseto é modificado para reduzir os efeitos do inseticida. Este é o segundo mecanismo de resistência mais comum. As alterações dos aminoácidos responsáveis pela ligação do insecticida no seu local de ação fazem com que o insecticida seja menos eficaz ou mesmo ineficaz. O alvo dos insecticidas organofosforados e carbamatos é a acetilcolinesterase nas sinapses nervosas, e o alvo dos organoclorados (DDT) e dos piretróides sintéticos são os canais de sódio da bainha nervosa. A resistência cruzada DDT-piretróide pode ser produzida por alterações de um único aminoácido no local de ligação ao insecticida do canal de sódio axonal. Esta resistência cruzada parece produzir um desvio na curva de ativação da corrente de sódio e causar uma baixa sensibilidade aos piretróides. Do mesmo modo, a resistência aos ciclodienos é conferida por alterações de um único nucleótido no mesmo códão de um gene para um recetor do ácido γ-aminobutírico (GABA). Foram identificadas pelo menos cinco mutações pontuais no local de ligação a insecticidas da acetilcolinesterase que, isoladamente ou em conjunto, causam graus variáveis de sensibilidade reduzida a insecticidas organofosforados e carbamatos. **Resistência ao knockdown (kdr):** A resistência kdr foi descrita primeiro na mosca doméstica *Musca dominica* e depois em espécies de mosquitos (Martinez-Torres et al. 1998; Kasai et al. 2011). A resistência kdr é um mecanismo de resistência comum encontrado em várias espécies de insectos, que confere uma sensibilidade reduzida ao DDT e aos piretróides. Isso ocorre devido à alteração, em sítios ativos, da proteína alvo dos inseticidas no canal de sódio controlado por voltagem (Araujo et al. 2011). O envolvimento da mutação kdr na resistência a inseticidas (incluindo DDT e piretróides) de *Sitophilus zeamais* foi descrito no Brasil (Guedes et al. 1995; Ribeiro et al. 2003; Araujo et al. 2011). Esta resistência kdr também foi observada e caracterizada no escaravelho da batata do Colorado, *Leptinotarsa decemlineata* e envolvida na resistência à permetrina (Lee e Clark 1999).

A resistência das pragas a um pesticida pode ser gerida através da redução da pressão de seleção exercida por esse pesticida sobre a população de pragas. Por outras palavras, deve ser evitada a situação em que todos os parasitas, exceto os mais resistentes, são mortos por um determinado produto químico. Isto pode ser conseguido evitando aplicações desnecessárias de inseticidas e recorrendo a técnicas de controlo não químicas. A adoção de programas de gestão integrada das pragas contribui para a gestão da resistência. Quando os pesticidas são o único ou predominante método de controlo das pragas, a resistência é normalmente gerida através da rotação de pesticidas. Isto implica a alternância entre classes de pesticidas com diferentes modos de ação para retardar o aparecimento ou atenuar a resistência existente das pragas. Uma mistura de insecticidas, por outro lado, pode atrasar a evolução da resistência dos insectos muitas vezes, em comparação com a rotação de insecticidas. Uma vez que os voláteis das plantas são misturas complexas de moléculas de diferentes naturezas químicas, podem ser utilizados como substitutos dos insecticidas sintéticos na gestão das pragas de insectos dos cereais armazenados.

RESUMO

Cerca de seis a oito décadas de programas de gestão de pragas de insectos envolvendo produtos químicos sintéticos geraram uma série de consequências sanitárias, económicas e ecológicas. Durante este período, a luta sustentada contra os insectos nocivos produziu efeitos adversos como a toxicidade para os mamíferos, a resistência dos insectos e os riscos ecológicos. Todos estes factores criam necessidades urgentes de novas estratégias alternativas que favoreçam o desenvolvimento sustentável. Entre as estratégias alternativas, a utilização de plantas como aleloquímicos insecticidas parece ser promissora e eficaz. As plantas aromáticas e os seus óleos voláteis contam-se entre os produtos botânicos mais eficazes na gestão das pragas de insectos dos cereais armazenados. As suas actividades insecticidas são múltiplas. Provocam actividades fumigantes, de toxicidade tópica, antifeedantes ou repelentes. Não são apenas tóxicos para os adultos, mas também para os ovos e as larvas. Podem também inibir a reprodução, alterando o comportamento reprodutivo. Os mecanismos de ação destes óleos voláteis dependem da composição química do óleo e ainda não são bem conhecidos. Por todas estas razões, pode concluir-se que os óleos voláteis podem ser considerados como uma alternativa natural no controlo dos insectos. Contudo, para a aplicação prática dos óleos essenciais como novos insecticidas, são necessários mais estudos sobre a segurança dos óleos para os seres humanos e sobre o desenvolvimento de formulações para melhorar a eficácia e a estabilidade e para reduzir os custos.

Atualmente, os óleos voláteis representam um mercado estimado em 700 milhões de dólares americanos e uma produção mundial total de 45 000 toneladas. Prevê-se que o mercado dos óleos essenciais atinja 11,5 mil milhões de dólares em 2022, com uma taxa de crescimento anual composta (CAGR) de 10,1% de 2016 a 2022. Cerca de 90% desta produção está concentrada em 15 produtos, especialmente hortelã e citrinos. Entre os outros produtos importantes estão o eucalipto, o cravinho, o cedro e o patchouli. Durante os últimos anos, a utilização de óleos essenciais foi modificada. Tem-se registado um aumento contínuo da produção para a indústria de aromas alimentares. Pelo contrário, a utilização de óleos voláteis em reacções hemisintéticas ou em perfumaria alcoólica diminuiu. Assim, uma utilização diversificada destes óleos, através do desenvolvimento da sua utilização no sector da gestão de pragas, poderia ser benéfica tanto do ponto de vista económico como ecológico.

Este facto abriu um novo e vasto sector nas economias emergentes, também na Índia. A disponibilidade limitada de matérias-primas essenciais, o preço elevado dos óleos essenciais, a disponibilidade de substitutos sintéticos e a falta de sensibilização para os benefícios dos óleos essenciais, em especial nas regiões subdesenvolvidas, deverão continuar a ser um desafio fundamental para os participantes no mercado. O mercado dos óleos essenciais está segmentado com base no tipo de produto, na aplicação e na geografia. O Governo da Índia e de outros países apoiam e favorecem a oferta de oportunidades de crescimento no mercado dos óleos essenciais.

REFERÊNCIAS

1. Abbas SK, Ahmad F, Sagheer M, Mansoor-Ul-Hasan Yasir, Saeed A, Wali M. 2012. Actividades insecticidas e de inibição do crescimento dos óleos essenciais de Citrus paradisi e Citrus reticulate contra a broca do grão menor, *Rhyzopertha dominica* (F.) (Coleoptera: Bostrichidae). World J. Zool. 7:289-294.

2. Abbasipour H, Mahamoud M, Rastegar F, Hossinpour MH. 2011. Toxicidade fumigante e dissuasão da oviposição do óleo essencial de cardamomo, *Elettaria cardamomum,* contra três insectos de produtos armazenados. J. Insect Sci. 11:165-173.

3. Abdelgaleil SA, Mohamed MI, Badawy ME, El-Armani SA. 2009. Toxicidade fumigante e de contacto de monoterpenos para *Sitophilus oryzae* (L.) e *Tribolium castaneum* (Herbst) e os seus efeitos inibitórios na atividade da acetilcolinesterase. J. Chem. Ecol. 35:518-525.

4. Abd-Elhady HK. 2012. Atividade inseticida e composição química do óleo essencial de *Artemisia judaica* L. contra *Callosobruchus maculatus* (F.) (Coleoptera: Bruchidae). J. Plant Protec. 52:347-352.

5. Abdellatif F, Hassani. A. 2015. Composição química dos óleos essenciais das folhas de *Melissa officinalis* extraídos por hidrodestilação, destilação a vapor, solvente orgânico e hidrodestilação por micro-ondas. J. Mater. Environ. Sci. 6(1): 207-213

6. Abdel-Sattar, E, Zaitoun AA, Farag MA, El Gayed SH, Harraz FMH. 2010. Composição química, atividade inseticida e repelente de *Schinus molle* L. óleos essenciais de folhas e frutos contra *Trogoderma granarium* e *Tribolium castaneum*. Nat. Prod. Res. 24: 226-235.

7. Aboua LRN, Seri-Kouassi BP, Koua KK. 2010. Atividade inseticida de óleos essenciais de três plantas aromáticas sobre *Callosobruchus maculates* F. em Cote D'ivoire. Eur. J. Sci. Res. 39:234-250.

8. Afoulous S, Ferhout H, Raoelison EG, Valentin A, Moukarzel B, Couderc F. 2013... Composição química e actividades anticancerígenas, anti-inflamatórias, antioxidantes e antimaláricas do óleo essencial das folhas de *Cedrelopsis grevei*. Food Chem. Toxicol. 56:352-362.

9. Aggarwal KK, Tripathi AK, Ahmad A, Prajapati V, Verma N, Kumar S. 2001. Toxicidade do L-mentol e seus derivados contra quatro insectos de armazenagem. Insect Sci. Appl. 21: 229-235.

10. Agrawal M, Walia S, Dhingra S. 2000. Inibição do crescimento de insectos, atividade antifeedant e antifúngica de compostos isolados/derivados de rizomas de *Zingiber officinale*. Pest Manag. Sci. 37:289-300.

11. Ahmed KS, Yosui Y, Lachikawa T. 2001. Efeito do óleo de nim no comportamento de acasalamento e oviposição do gorgulho do feijão azuki, *Callosobrucus Chinensis* L. (Coleoptera: Bruchidae). Paquistão. J. Biol. Sci. 4(11):1371-1373.

12. Ahmed ME, El-Salam A. 2010. Toxicidade fumigante de sete óleos essenciais contra o gorgulho do feijão-frade, *Callosobruchus maculatus* (F.) e o gorgulho do arroz, *Sitophilus oryzae* (L.). Egipto. Acad. J. Biolog. Sci. 2 (1): 1-6.

13. Ahmed R, Mahmood A, Rashid F, Ahmad Z, Nadir M, Naseer Z, Kosar S. 2007. Constituintes químicos da semente (kernel) de *Prunus domestica* e suas actividades inseticida e antifúngica. J. Saudi Chem. Soc. 11(1): 121-130.

14. Ahmed S, Grainge M. 1986. Potencial da árvore Neem *(Azadirachta indica)* para o controlo de pragas e o desenvolvimento rural. Econ. Bot. 40:201-209.

15. Ahmed SM, Eapen M. 1986. Toxicidade do vapor e repelência de alguns óleos essenciais a pragas de insectos. Indian Perf 30:273-8.

16. Ahn YJ, Lee SB, Lee HS, Kim GH. 1998. Atividade inseticida e acaricida do carvacrol e da $- thujaplicina derivados da serradura de *Thujopsis dolabrata* var. *hondai*. J. Chem. Ecol. 24:81-90.

17. Aitken AD. 1975. Insect travelers, I. Coleoptera, Technical Bulletin 31. HMSO, Londres, Reino Unido.

18. Ajayi FA, Olonisakin A. 2011. Bioatividade de três óleos essenciais extraídos de sementes comestíveis sobre o escaravelho da farinha vermelho-ferrugem, *Tribolium castaneum* (Herbst.) que infesta o painço armazenado. Trakia J. Sci. 9(1):28-36.

19. Akita K. 1991. Placas laminadas repelentes de insectos e antimofo. Patente JP 91-242869 910927.

20. Al Maofari A, El Hajjaji S, Debbab A, Zaydoun S, Ouaki B, Charof R, Mennane Z, Hakiki A, Mosaddak M. 2013. Composição química e propriedades antibacterianas dos óleos essenciais de *Pimpinella Anisum L.* que crescem em Marrocos e no Iémen. Estudo e Pesquisa Científica. 14(1): 11-16.

21. Ali NAA, Wurster M, Arnold N, Teichert A, Schmidt J, Lindequist U. 2008. Composição química e actividades biológicas dos óleos essenciais das resinas de oleogum de três espécies endémicas de *Boswellia* soqotraen. Rec. Nat. Prod. 2:6-12.

22. Ali NAA, Wurster M, Lindequist U. 2009. Composição química do óleo essencial da resina de oleogum de *Commiphora habessinica* (Berg.) Engl. do Iémen. J Essent Oil Bear Plant. 12:244-249.

23. Al-Shuneigat JM, Al-Tarawneh IN, Al-Qudah MA, Al-Sarayreh SA, Al-Saraireh YM, Alsharafa KY. 2015. A composição química e as propriedades antibacterianas do óleo essencial de *Ruta graveolens* L. cultivado no norte da Jordânia. Jornal de Ciências Biológicas da Jordânia. 8(2): 139-143.

24. Anderson IB, Mullen WH, Meeker JE, Khojasteh-Bakht SC, Oishi S, Nelson SD, Blanc PD. 1996. Toxicidade do poejo: Medição dos níveis de metabolitos tóxicos em dois casos e revisão da literatura. Ann. Internal Med. 124:726-734.

25. Anjali CH, Khan SS, Margulis-Goshen K, Magdassi S, Chandrasekaran N. 2010. Formulação de anopermetrina dispersível em água para aplicações larvicidas. Ecotoxicol. Environ. Saf. 73:19321936.

26. Anon. 2009. Inquérito Económico 2008-09. Publicação do Governo da Índia.

27. Anónimo. 2011. http://science.jrank.org/pages/48691/Pesticide-Resistance.html".

28. Anthony A, Caldwell G, Hutt AG, Smith RL. 1987. Metabolismo do estragol na ratazana e no rato e influência do tamanho da dose na excreção do carcinogéneo próximo 10-hidroxi-estragol. Food Chem. Toxicol. 25, 799-806.

29. APRD. 2007. Base de dados sobre a resistência dos artrópodes aos pesticidas. EUA. Web: http://www.pesticideresistance.org/

30. Arabi F, Moharramipour S, Sefidkon F. 2008. Composição química e atividade inseticida do óleo essencial de *Perovskia abrotanoides* (Lamiaceae) contra *Sitophilus oryzae* (Coleoptera: Curculionidae) e *Tribolium castaneum* (Coleoptera: Tenebrionidae). Int. J. Trop. Insect Sci. 144-150.

31. Araujo RA, Williamson MS, Bass C, Field LM, Duce IR. 2011. A resistência aos piretróides em *Sitophilus zeamais* está associada a uma mutação (T929I) no canal de sódio controlado por voltagem. Insect Mol. Biol. 4:437-445.

32. Arbogast RT. 1991. Besouros: Coleoptera. Pgs. 131-176. In: J.R. Gorham (Ed). Ecologia e Gestão de Pragas da Indústria Alimentar. Boletim Técnico da FDA 4. VA: Association of Analytical Chemists.

33. Armstrong JS. 2006. Permeabilização da membrana mitocondrial: a condição sine qua non para a morte celular. BioEssays 28:253-260.

34. Arnason JT, Philogene BJR, Morand P. 1989. Insecticidas de origem vegetal. Série de Simpósios da Sociedade Americana de Química. 387:1-213.

35. Arthur OT, Michael JM, Rebecca CB, Leslie RL, Dary L. 2009. Óleos essenciais das resinas de oleo-goma da árvore-elefante ou torote (*Bursera* microphylla A. Gray, Burseraceae) do Arizona. J Essent Oil Res. 21:57.

36. Athie I, Gomes RAR, Bolonhezi S, Valentini SRT, De Castro MFPM. 1998. Efeitos de misturas de dióxido de carbono e fosfina em populações resistentes de insetos de grãos armazenados. J. Stored Prod. Res. 34:27-32.

37. Attia FI, Greening HG. 1981. Estudo da resistência à fosfina em coleópteros pragas de cereais e produtos armazenados em New South Wales. Gen. Appl. Entomol. 13:93-97.

38. Averbeck D, Averbeck S. 1998. Fotodano no ADN, reparação, indução de genes e genotoxicidade após exposição a 254 nm UV e 8- metoxipsoraleno mais UVA num sistema celular eucariótico. Photochem. Photobiol. 68:289-295.

39. Avlessi F, Alitonou GA, Sohounhloue DK, Bessiere JM, Menut C. Plantas Aromáticas da África Ocidental Tropical. Parte XV. Avaliação química e biológica do óleo essencial das folhas de *Commiphora africana* do Benim. J Essent Oil Res. 2005; 17:569-571.

40. Ayédoun MA, Sohounhloué DK, Menut C, Lamaty G, Molangui T, Casanova J. 1998. Plantas aromáticas da África Ocidental tropical. VI. a-Oxobisaboleno como principal constituinte do óleo essencial da folha de *Commiphora africana* (A. Rich.) Engl, do Benim. J Essent Oil Res. 10:105-107.

41. Ayvaz A, Sagdic O, Karaborklu S, Ozturk I. 2010. Atividade inseticida dos óleos essenciais de diferentes plantas contra três insectos de produtos armazenados. J. Insect Sci. 10. 10.1673/031.010.2101.

42. Azizi M, Davareenejad G, Bos R, Woerdenbag HJ, Kayser O. 2009. Teor de óleo essencial e constituintes da Zira preta *(Bunium persicum* [Boiss.] B. Fedtsch.) do Irão durante o cultivo no campo (domesticação). J. Essential Oil Res. 21:78-82.

43. Bachrouch O, Ben Jemba JM, Wissem AW, Talou T, Marzouk B e Abderrab M. 2010. Composição e atividade inseticida do óleo essencial de *Pistacia lentiscus* L. contra *Ectomyelois ceratoniae* Zeller e *Ephestia kuehniella* Zeller (Lepidoptera: Pyralidae). J. Stored Prod. Res. 46:242-247.

44. Bakkali F, Averbeck S, Averbeck D e Idaomar M. 2008. Efeitos biológicos dos óleos essenciais. Food Chem. Toxicol. 46:446-475.

45. Bandeira PN, Machado MIL, Cavalcanti FS, Lemos TLG. 2001. Composição do óleo essencial de folhas, frutos e resina de *Protium heptaphyllum* (Aubl.) March. J Essent Oil Res. 13:33-34.

46. Barroso MST, Villanueva G, Lucas AM, Perez GP, Vargas RMF, Brun GW, Cassel E. 2011. Extração com fluido supercrítico de compostos voláteis e não voláteis de *Schinus molle* L. Brazilian J. Chem. Engenharia. 28:305-312.

47. Barson G, Fleming DA, Allan E. 1992. Avaliação laboratorial das respostas comportamentais de populações residuais de *Oryzaephilus surinamensis* (L.) (Coleoptera: Silvanidae) ao inseticida de contacto pirimifos-metilo através de modelos logísticos lineares. J. Stored Prod. Res. 28:161-170.

48. Basavaraja H, Mahajanashetti SB, Udagatti NC. 2007. Economic Analysis of Post-harvest Losses in Food Grains in India: A Case Study of Karnataka, Agricultural Economics Res. Rev. 20:117 -1 26.

49. Baser KHC, Demirci B, Dekebo A, Dagne E. 2003. Óleos essenciais de algumas *Boswellia* spp., Mirra e Opopanax. Flavour Fragr. J. 18:153-156.

50. Batish DR, Singh HP, Kohli RK, Kaur S. 2008. Eucalyptus essential oil as a natural pesticide. Forest Ecol. Manag. 256:2166-2174.

51. Beck CW, Blumer LS. 2011. A Handbook on Bean Beetles, *Callosobruchus maculatus*. http://www.beanbeetles. org/handbook/handbook.

52. Beckett SJ, Evans DE, Morton R. 1996. A comparison of the demographies of pesticide susceptible and resistant strains of *Oryzaephilus surinamensis* (L.) (Coleoptera: Silvanidae) on kibbled wheat. J. Stored Prod. Res. 32:141-151.

53. Ben Jemba JM, Tersim N, Toudert KT, Khouja ML. 2012. Actividades insecticidas de óleos essenciais de folhas de *Laurus nobilis* L. da Tunísia, Argélia e Marrocos, e composição química comparativa. J. Stored Prod. Res. 48:97-104.

54. Benhalima H, Chaudhry MQ, Mills KA, Price NR. 2004. Resistência à fosfina em insectos de produtos armazenados recolhidos em várias instalações de armazenamento de cereais em Marrocos. J. Stored Prod. Res. 40:241-249.

55. Benzi V, Stefanazzi N, Ferrero AA. 2009. Atividade biológica de óleos essenciais de folhas e frutos de pimenteira *(Schinus molle* L.) no controlo do gorgulho do arroz *(Sitophilus oryzae* L.). Chilean J. Agri. Res. 69:154-159.

56. Berenbaum M. 1985. Interacções aleloquímicas nas plantas. Rec. Adv. Phytochem. 19:139-169.

57. Bikanga R, Makani T, Agnaniet H, Obame LC, Abdoul-Latif FM, Lebibi J. 2010. Composição química e actividades biológicas dos óleos essenciais de *Santiria trimera* (Burseraceae) do Gabão. Nat. Prod. Commun. 5:961-964.

58. Birch LC. 1945a. The influence of temperature, humidity, and density on the oviposition of the small strain *Calandra oryzae* L. and *Rhizopertha dominica* Fab. (Coleoptera). Aust. J. Exp. Biol. Med. Sci. 23:197-203.

59. Birch LC. 1945b. The influence of temperature on the development of the different stages of *Calandra*

oryzae L. and *Rhizopertha dominica* Fab. (Coleoptera). Aust. J. Exp. Biol. Med. Sci. 23:29-35.

60. Birewar BR. 1984. Post-Harvest Technology of Pulses, Pulse Production - Constraints and Opportunities. Oxford e IBH Publishing Co., Nova Deli, Índia, 425-438.

61. Boldt PE. 1974. Efeitos da temperatura e da humidade no desenvolvimento e oviposição de *Sitrotroga cerealella*. J. Kansas. Entomol. Soc. 41:30-35.

62. Boukhris M, Regane G, Yangui T, Sayad S, Bouaziz M. 2012. Composição química e potencial biológico do óleo essencial de Tunisian *Cupressus sempervirens* L. J. Arid Land Studies. 22:329-332.

63. Bowles EJ. 2003. The Chemistry of Aromatherapeutic Oils. 3rd Edição Griffin Press.

64. Brieskorn CH, Noble P. 1983. Dois furanoeudesmanes do óleo essencial de mirra. Phytochem. 22:187-189.

65. Brito JP, Baptistussi RC, Funichelo M, Oliveira JEM e Bortoli SA. 2006. Efeito de óleos essenciais de *Eucalyptus spp.* sobre *Zabrotes subfasciatus* (Both. 1833) (Coleoptera: Bruchidae) e *Callosobruchus maculatus* (Fabr. 1775) (Coleoptera: Bruchidae) em duas espécies de feijão. Bol. Sanidad Veg. Plagas. 32(4):573-580.

66. Brud WS, Gora J. 1989. Atividade biológica dos óleos essenciais e suas possíveis aplicações. Em S. C. Bhattacharyya, N. Sen, K. L. Sethi (eds) *Proceedings 11th International Congress on Essential Oils, Fragrances and Flavours,* vol. 2, pp. 13-23, Nova Deli, Índia: Oxford & IBH.

67. Bruneton J. 1999. Farmacognosia, Fitoquímica, Plantas Medicinais: Óleos Essenciais. 2nd ed. Lavoisier Publishing, Nova Iorque, 461-780.

68. Burkey JL, Sauer JM, McQueen CA, Sipes IG. 2000. Citotoxicidade e genotoxicidade do metileugenol e congéneres relacionados - um mecanismo de ativação para o metileugenol. Mutat. Res. 453:25-33.

69. Burkholder WE. 1977. Manipulação de pragas de insectos de produtos armazenados. In: *Controlo químico do comportamento dos insectos: Theory & Application.* H.H. Shorey e J.J. McKelvey, Jr. (Editores), 345-351. John Wiley and Sons, Nova Iorque.

70. Callaghan A. 1991. Resistência aos insecticidas: mecanismo e métodos de deteção. Science Progress, 75:423-437.

71. Calvin D. 1990. Confused flour beetle and red flour beetle. Entomological notes, Department of Entomology, Pennsylvania State University, College of Agricultural Science. http://www.wnto.psu.edu/extension/fact sheetsZconfused_flour_beetle_.html.

72. Camarda L, Dayton T, Di Stefano V, Pitonzo R, Schillaci D. 2007. Composição química e atividade antimicrobiana de alguns óleos essenciais de resina de oleogum de *Boswellia* spp. (Burseraceae). Ann. Chim. 97:837-844.

73. Carson CF, Mee BJ, Riley TV. 2002. Mecanismo de ação do óleo de Melaleuca alternifolia (árvore do chá) em Staphylococcus aureus determinado por ensaios de tempo de morte, lise, fuga e tolerância ao sal e microscopia eletrónica. Antimicrob. Agents Chemother. 46:1914-1920.

74. Carvalho LE, Magalhaes LAM, Lima MP, Marques MOM, Facanli R. 2013. Óleos essenciais de Protium da reserva Adolpho crassipetalum: *Protium crassipetalum, P. heptaphyllum* subs. *ulei, P. pilosissimum* e *P. polybotryum*. JEOBP. 4:551-554.

75. Chahal KK, Arora M, Joia BS, Chhabra BR. 2005. Bioeficácia do óleo de curcuma contra *Tribolium castaneum* (Herbst) em condições laboratoriais. In: Dilawari, V.K., Deol, G.S., Joia, B.S. e Chuneja, P.K. (*Eds.*), Proc. 1st Congresso sobre Ciência dos Insectos: Contributed Papers, PAU Ludhiana, 147-148.

76. Chang ST, Cheng SS. 2002. Atividade anti-termite dos óleos essenciais de folhas e seus constituintes de *Cinnamomum osmophloeum*. J. Agric. Food Chem. 50:1389-1392.

77. Chapman RB, Penman DR. 1979. Resistência cruzada negativamente correlacionada a um piretróide sintético em Tetranychus urticae resistente a organofosforados. Nature 281:298-299.

78. Chaubey MK. 2007a. Atividade inseticida dos óleos essenciais de *Trachyspermum ammi* (Umbelliferae), *Anethum graveolens* (Umbelliferae) e *Nigella sativa* (Ranunculaceae) contra o escaravelho dos produtos armazenados *Tribolium castaneum* herbst (Coleoptera: Tenebrionidae). Afri. J. Agric. Res. 2(11):596- 600.

79. Chaubey MK. 2007b. Toxicidade dos óleos essenciais de *Cuminum cyminum* (Umbelliferae), *Piper nigrum*

(Piperaceae) e *Foeniculum vulgare* (Umbelliferae) contra o escaravelho dos produtos armazenados *Tribolium castaneum* Herbst (Coleoptera: Tenebrionidae). Elect. J. Envir. Agri. Food Chem. 6(1):1719-1727.

80. Chaubey MK. 2008. Toxicidade fumigante de óleos essenciais de algumas especiarias comuns contra o escaravelho *Callosobruchus chinensis* (Coleoptera: Bruchidae). J. Oleo Sci. 57(3):171-179.

81. Chaubey MK. 2011. Propriedades insecticidas dos óleos essenciais de *Zingiber officinale* e *Piper cubeba* contra *Tribolium castaneum* Herbst (Coleoptera: Tenebrionidae). J. Biol. Active Prod. Nature. 1(5 & 6):306-313.

82. Chaubey MK. 2012. Respostas de *Tribolium castaneum* (Coleoptera: Tenebrionidae) e *Sitophilus oryzae* (Coleoptera: Curculionidae) contra óleos essenciais e compostos puros. Herba Polonica. 58(3):33-35.

83. Chaubey MK. 2013. Efeito inseticida do óleo essencial de *Allium sativum* (Alliaceae) contra *Tribolium castaneum* (Coleoptera: Tenebrionidae). TBAP. 3 (4):248-258.

84. Chaubey MK. 2014. Actividades biológicas do óleo essencial de *Allium sativum* contra o escaravelho do pulso, *Callosobruchus chinensis* (Coleoptera: Bruchidae). Herba Polonica 60(2):41-55.

85. Chaubey MK. 2016a. Fumigante e toxicidade de contacto do óleo essencial de *Allium sativum* (Alliaceae) contra *Sitophilus oryzae* L. (Coleoptera: Dryophthoridae). (2016). Entomol. Appl. Sci. Let. 3(2):43-48.

86. Chaubey MK. 2016b. Actividades insecticidas do óleo essencial de *Cinnamomum tamala* (Lauraceae) contra *Sitophilus oryzae* L. (Coleoptera: Curculionidae). Int. J. Entomol. Res. 4(3):91-98.

87. Chaudhry MQ. 2000. Resistência à fosfina: uma ameaça crescente a um fumigante ideal. Pesticide Outlook 6:88-91.

88. Chauhan YS, Ghaffar MA. 2002. Aquecimento solar das sementes: A low cost method to control bruchid *(Callosobruchus* spp.) attack during storage of pigeonpea J. Stored Prod. Res. 38:87-91.

89. Cheng SS, Chua MT, Chang ED, Huang CG, Chen WJ, Chang ST. 2009. Variações na atividade inseticida e na composição química dos óleos essenciais de folhas de *Cryptomeria japonica* em diferentes idades. Bioresurece Tech. 100:465-470.

90. Chiu SF. 1989. Avanços recentes na investigação de plantas na China. In: *Insecticidas de origem vegetal.* J.T. Arnason, B.J.R. Philogene e P. Morand (Editores), 387:69-78. Série de Simpósios da ACS, Washington DC, EUA.

91. Choi WI, Lee E H, Choi BR, Park HM, Ahn Y J. 2003. Toxicidade dos óleos essenciais de plantas para *Trialeurodes vaporariorum* (Homoptera: Aleyrodidae). J. Eco. Entomol. 96(5):1479-1484.

92. Chung MJ, Kang AY, Park SO, Park KW, Jun HJ, Lee SJ. 2007. O efeito dos óleos essenciais de absinto dietético (*Artemisia princeps*), com e sem adição de vitamina E, no stress oxidativo e em alguns genes envolvidos no metabolismo do colesterol. Food Chem. Toxicol. 45:1400-1409.

93. Coats JR, Karr LL, Drewes CD. 1991. Toxicidade e efeitos neurotóxicos dos monoterpenóides em insectos e minhocas. In: Hedin, P.A. (Ed.), Naturally Occurring Pest Bioregulators, ACS Symposium Series. 449:305-316.

94. Cole ER, dos Santos RB, Júnior VL, Martins JDL, Greco SJ, Neto AC. 2014. Composição química do óleo essencial de frutos maduros de *Schinus terebinthifolius* Raddi e avaliação de sua atividade contra cepas silvestres de origem hospitalar. Braz. J. Microbiol. 45(3):821-828.

95. Collins PJ. 1998. Herança da resistência a insecticidas piretróides em Tribolium castaneum (Herbst). J. Stored Prod. Res. 34:395-401.

96. Combrinck S, Du Plooy GW, McCrindle RI, Botha BM. 2007. Morfologia e histoquímica dos tricomas glandulares de *Lippia scaberrima* (Verbenaceae). Annals of Bot. 99:1111-1119.

97. Conti B, Canale A, Bertoli A, Gozzini F, Pistelli L. 2010. Composição do óleo essencial e atividade larvicida de seis plantas aromáticas subterrâneas contra o mosquito *Aedes albopictus* (Diptera: Culicidae). Parasitol Res. 107:1455-1461.

98. Copping LG, Duke SO. 2007. Produtos naturais que têm sido utilizados comercialmente como agentes de proteção das culturas. Pest Manag Sci. 63:524-554.

99. Cosimi S, Rossi E, Cioni PL, Canale A. 2009. Bioatividade e análise qualitativa de alguns óleos essenciais

de plantas mediterrânicas contra pragas de produtos armazenados: Avaliação da repelência contra *Sitophilus zeamais* Motschulsky, *Cryptolestes ferrugineus* (Stephens) e *Tenebrio molitor* (L.). J. Stored Prod. Res. 45:125-132.

100. Cox PD, CH Bell. 1991. Biology and Ecology of Moth Pests of Stored Food, 181-193. *In:* J.R. Gorham (Ed). Ecology and Management of Food-Industry Pests. FDA Tech-nical Bulletin 4. VA: Association of Analytical Chemists.

101. Crescimanno F, De Pasquale F, Germana M, Bazan E, Palazzolo E. 1988. Variação anual dos óleos essenciais nas folhas de quatro cultivares de limão *[Citrus limon* (L.) Burm. f.]. Em R. Goren, & K. Mendel (Eds), *Citriculture: proceedings of the Sixth International Citrus Congress: Médio Oriente, Tel Aviv, Israel,* (pp. 583-588). Tel Aviv: International Citrus Congress Balaban Publishers.

102. Croteau R, Kutchan TM, Lewis NG. 2000. Produtos Naturais (Metabolitos Secundários). In: Biochemistry and Molecular Biology of Plants, Buchanan, B.B., W. Gruissem e R.L. Jones (Eds.). American Society of Plant Physiologists, Rockville, Maryland, EUA, pp: 1250-1318.

103. Cruz-Cañizares JDL, Doménech-Carbó MT, Gimeno-Adelantado JV, Mateo-Castro R, Bosch-Reig F. 2005. Estudo de resinas de Burseraceae utilizadas em meios de ligação e vernizes de obras de arte por espetrometria de massa por cromatografia gasosa e espetrometria de massa por cromatografia gasosa de pirólise. J. Chromatography A. 1093:177-194.

104. Da Porto C, Decorti D, Kikic I. 2009. Compostos aromáticos de *Lavandula angustifolia* L. para utilização no fabrico de alimentos: Comparação de três métodos de extração diferentes. Food Chem. 112:10721078.

105. Daglish GJ, Eelkema M, Harrison LM. 1995. Clorpirifosmetil mais metopreno ou fenotrina em sinergia para o controlo de Coleoptera no milho em Queensland, Austrália. J. Stored Prod. Res. 31:235-241.

106. Dai DN, Thang TN, Ogunmoye AR, Eresanya OI, Ogunwande IA. 2015. Constituintes químicos dos óleos essenciais das folhas de *Tithonia diversifolia, Houttuynia cordata* e *Asarum glabrum* cultivadas no Vietname. American J. Essential Oils Natural Prod. 2(4):17-21.

107. Dansi L, Van Velson FL, Vander, Heuden CA. 1984. Brometo de metilo: efeitos carcinogénicos no estômago do rato. Toxicol. Appl. Pharmacol. 72:262-271.

108. David MH, Mills RB. 1975. Desenvolvimento, oviposição e longevidade de *Ahasverus advena*. J. Econ. Entomol. 63: 341-345.

109. de Miranda CASF, Cardoso1 MDG, de Carvalho MLM, Figueiredo ACS, Nelson DL, de Oliveira CM, Gomes MDS, de Andrade J, de Souza JA, de Albuquerque LRM. 2014. Composição Química e Atividade Alelopática dos Óleos Essenciais de *Parthenium hysterophorus* e *Ambrosia polystachya* Weeds. Am. J. Plant Sci. 5, 1248-1257.

110. Deshpande SD, Singh G. 2001. Long Term Storage Structures in Pulses, Simpósio Nacional sobre Leguminosas para uma Agricultura Sustentável e Segurança Nutricional, Instituto Indiano de Investigação de Leguminosas, Nova Deli, 17-19.

111. Dijoux N, Guingand Y, Bourgeois C, Durand S, Fromageot C, Combe C, Ferret PJ. 2006. Avaliação do risco fototóxico de alguns óleos essenciais utilizando o ensaio de absorção de vermelho neutro 3T3 modificado. Toxicol. 20:480-489.

112. Dimetry NZ, Hafez M, Abbass MH. 2003. Eficiência de alguns óleos e formulações de neem contra o escaravelho da ervilha-de-corda, *Callosobruchus maculatus* (Fabricius) Coleoptera: Bruchidae). *Em* O. Koul, G.S. Dhaliwal, S.S. Marwaha e J. K. Arora (eds.), *Biopesticides and Pest Management,* Vol. 2, Campus Books International, New Delhi, pp. 1-10.

113. Donelian A, Carlson LHC, Lopes TJ e Machado RAF. 2009. Comparação da extração do óleo essencial de patchouli *(Pogostemon cablin)* com CO2 supercrítico e por destilação a vapor. The J. Supercritical Fluids. 48:15-20.

114. Don-Pedro KM. 1996. Investigação da ação inseticida fumigante individual e conjunta dos componentes do óleo de casca de citrinos. Pestic. Sci. 46:79-84.

115. Ebadollahi A, Mahboubi M. 2011. Atividade inseticida do óleo essencial isolado de *Azilia eryngioides*

(Pau) Hedge Et Lamond contra duas pragas de besouros. Chilean J. Agri. Res. 71(3): 406411.

116. Ebadollahi A. 2011a. Atividade antifeedante de óleos essenciais de *Eucalyptus globules* Labill e *Lavandula stoechas* L. em *Tribolium castaneum* Herbst (Coleoptera: Tenebrionidae). Biólogo Bihareano. 5(1):8-10.

117. Ebadollahi A. 2011b. Suscetibilidade de duas espécies de *Sitophilus* (Coleoptera: Curculionidae) aos óleos essenciais de *Foeniculum vulgare* e *Satureja hortensis*. Ecologia Balkanica. 3(2): 1-8.

118. Edvardsson M, Tregenza T. 2005. Porque é que os machos *Callosobruchus maculatus* prejudicam as suas companheiras? Behavioral Ecol. 16(4):788-93.

119. Eikani MH, Golmohammad F, Rowshanzamir S. 2007. Extração em água subcrítica de óleos essenciais de sementes de coentros *(Coriandrum sativum* L.). J. Food Engin. 80:735-740.

120. Elaissi A, Rouis Z, Abid N, Salem B, Mabrouk S, ben Salem Y, Salah KBH, Aouni M, Farhat F, Chemli R, Harzallah-Skhiri F, Khouja ML. 2012. Composição química dos óleos essenciais de 8 espécies de *Eucalyptus* e avaliação das suas actividades antibacteriana, antifúngica e antiviral. BMC Complement Altern Med. DOI: 10.1186/1472-6882-12-81.

121. Elhag EA. 2000. Efeitos dissuasores de alguns produtos botânicos na oviposição do bruquídeo do feijão-frade *Callosobruchus maculatus* (F.) (Coleoptera: Bruchidae). Int. J. Pest Manag. 46:109-113.

122. El-Hawary SS, El-Tantawy ME, Rabeh MA, Badr WK. 2013. Composição química e actividades biológicas dos óleos essenciais de *Azadirachta indica* A. Juss. Int. J. Appl. Res. Nat. Prod. 6(4):33-42.

123. Emekci M, Navarro S, Donahaye E, Rindner M, Azrieli A. 2004. Respiração de *Rhyzopertha dominica* (F.) a uma concentração reduzida de oxigénio. J. Stored Prod. Res. 40:27-38.

124. Enan E, Beigler M, Kende A. 1998. Ação inseticida de terpenos e fenóis em baratas: efeito nos receptores de octopamina. Trabalho apresentado no Intern. Symp. Plant Prot. Bélgica.

125. Enan E. 2001. Actividades insecticidas de óleos essenciais: Locais de ação octopaminérgicos. Comp. Biochem. Physiolo. Parte C 130: 325-337.

126. EPA. 1993. Óleos de flores e vegetais. Prevenção, Pesticidas e Substâncias Tóxicas (7508W). EPA-738-F-93-027. www.epa.gov/oppsrrd1/REDs/factsheets/4097fact.pdf

127. Erdogan T, Gonenc T, Hortoglu ZS, Demirci B e Baser KHC. 2012. Composição química do óleo essencial das folhas de marmelo *(Cydonia Oblonga* Miller). Med Aromat Plants. 1:e134. doi:10.4172/2167-0412.1000e134

128. Evans PD. 1980. Biogenic amines in the insect nervous system. Adv. Insect Physiol. 15: 317- 473.

129. Evans PD. 1981. Multiple recetor types for octopamine in the locust. J. Physiol. London. 318:99122.

130. Fang R, Jiang CH, Wang XY, Zhang HM, Liu ZL, Zhou L, Du SS, Deng ZW. 2010. Atividade inseticida do óleo essencial de frutos de *Carum Carvi* da China e dos seus principais componentes contra dois insectos de armazenamento de grãos. Molecules. 15:9391-9402.

131. Fava A, Burlando B. 1995. Influência da idade da fêmea e da disponibilidade de grãos no padrão de oviposição do gorgulho do trigo *Sitophilus granarius* (Coleoptera: Curculionidae). Eur. J. Entomol. 92:421-426.

132. Fazolin M, Estrela JLV, Catani V, Lima MS e Alecio MR. 2005. Toxicidade do óleo de *Piper aduncum* em adultos de *Cerotoma tingomarianus* Bechyne (Coleoptera: Chrysomelidae). Neotrop. Entomol. 34(3):485-489.

133. Feliu Zamora M. 1990. Anfel SA, Espanha. Fabrico de materiais de revestimento inseticida. Patente ES 90-1212 900427.

134. Fox CW, Reed DH. 2011. A depressão endogâmica aumenta com o stress ambiental: um estudo experimental e uma meta-análise. Evolution 65(1):246-58.

135. Fragoso DB, Guedes RNC, Peternelli LA. 2005. Taxas de desenvolvimento e crescimento populacional de populações suscetíveis e resistentes a inseticidas de Sitophilus zeamais. J. Stored Prod. Res. 41:271-281.

136. Franzios G, Mirotson M, Hatziapostolou E, Kral J, Scouras ZG, Mavragani TP. 1997. Actividades insecticidas e genotóxicas dos óleos essenciais de menta. J. Agric. Food Chem. 45:2690-2694.

137. Garcia M, Donadel OJ, Ardanaz CE, Tonn CE e Sosa ME. 2005. Efeitos tóxicos e repelentes do óleo essencial de *Baccharis salicifolia* sobre *Tribolium castaneum*. Pest Manag. Sci. 61: 612-618.

138. Gary YD, Sue C, Herve C, Marie-Claude B, Danilo M. 2007. Óleo Essencial de *Bursera graveolens* (Kunth) Triana et Planch do Equador. J Essent Oil Res. 19:525-526.

139. Giang PM, Konig WA, Son PT. Composição química do óleo essencial de resina de *Canarium album* do Vietname. Chem. Nat. Comp. 42:523-524.

140. Gillij YG, Gleiser RM e Zygadlo JA. 2008. Atividade repelente de mosquitos de óleos essenciais de plantas aromáticas que crescem na Argentina. Bioresour. Technol. 99:2507-2515.

141. Gobbo-Neto L, Lopes NP. 2007. Plantas medicinais: factores de influência no conteúdo de metabólitos secundários. Quim. Nova. 30(2):374-381.

142. Golob P, Webley DJ. 1980. The use of plants and minerals as traditional protectants of stored products. Instituto de Produtos Tropicais G 138, 1-32.

143. Gomez LA, Rodriquez JG, Poneleit CG, Blake DF. 1982. Preferência e utilização de variantes de endosperma de milho pelo gorgulho do arroz. J. Econ. Entomol. 75:363.367.

144. Gonzalez-Colomo A, Lopez-Balboa, Santana O, Reina M, Fraga BM. 2011. Defesas vegetais baseadas em terpenos. Phytochem. Rev. 10:245-260.

145. Gora J, Kurowska A, Kalemba D. 1988. Efeito dos óleos essenciais e de alguns dos seus constituintes nos insectos. Wiadomosci Chemiczne 42:565-75.

146. Gottlieb OR, Salatino A. 1987. Funçâo e evoluçâo de óleos essenciais e de suas estruturas secretoras. Ciênc. Cult. 39(8):707-716.

147. Guba R. 2001. Mitos sobre a toxicidade - os óleos essenciais e o seu potencial carcinogénico. Int. J. Aromather. 11:76-83.

148. Guedes NMP, Guedes RNC, Campbell JF, Throne JE. 2010. Comportamento de competição das larvas do gorgulho do milho quando em contacto com as sementes. Animal Behav. 79:281-289.

149. Guedes RNC, Lima JOG, Santos JP, Cruz CD. 1994. Herança da resistência à deltametrina em uma linhagem brasileira do gorgulho do milho *(Sitophilus zeamais* Mots). Int. J. Pest Manag. 40:103-106.

150. Gunderson CA, Samuelian JH, Evans CK, Brattsten LB. 1985. Effects of the mint monoterpene pulegone on *Spodoptera eridania* (Lepidoptera: Noctuidae). Environ. Entomol. 14:859-863.

151. Halstead DGH. 1980. Uma revisão do género *Oryzaephilus* Ganglbauer, incluindo descrições de géneros relacionados (Coleoptera: Silvanidae). Zool. J. Linn. Soc. 69(4):271-374.

152. Harein PK, Davis R. 1992. Control of stored-grain insects. pp. 492-534 in Sauer, D.B. (Ed.) Storage of Cereal Grains and their Products. St Paul, MN, EUA, Associação Americana de Químicos de Cereais, Inc.

153. Harrasi AA, Saidi SA. 2008. Análise fitoquímica do óleo essencial da resina oleogum certificada botanicamente de *Boswellia sacra* (Omani Luban). Molecules. 13:2181-2189.

154. Harrewijn P, Oosten AM e Piron PGM. 2001. Natural Terpenoids as Messengers. Dordrecht: Kluwer Academic Publishers.

155. Harwood SH, Modenke AF, Berry RE. 1990. Toxicidade dos monoterpenos da hortelã-pimenta para o verme variegado (Lepidoptera: Noctuidae). J.Econ. Entomol. 83:1761-1767.

156. Hassalani A, Lwande W. 1989. Metabolitos secundários anti-pragas de plantas africanas. Em J.T. Arnason, B.J.R. Philogene, e P. Morand (eds) Insecticides of plant origin. Série de Simpósios da Sociedade Americana de Química 387:78-94.

157. Haubruge E, Arnaud L, Mignon J. 1997. O impacto da precedência do esperma na transmissão da resistência ao malatião em populações do escaravelho da farinha vermelha *Tribolium castaneum* (Herbst) (Coleoptera: Tenebrionidae). J. Stored Prod. Res. 33:143-146.

158. Haubruge E, Lognay G, Marlier M, Danhier P, Gilson JC, Gaspar C. 1989. Toxicidade de cinco óleos essenciais extraídos de espécies de citrinos em relação a *Sitophilus zeamais* Motsch (Col., Curculionidae),

Prostephanus truncatus (Horn) (Col., Bostrychidae) e *Tribolium castaneum* Herbst (Col., Tenebrionidae). *Medelingen van de Faculteit Landbouwwetenschappen Rijksuniversiteit Gent* 54:1083-93.

159.	Heinmenberg, H. 1992. Projeto XP-11, Patente *CA 92-20 77284920901*.

160.	Hemingway J, Ranson H. 2000. Resistência aos insecticidas em insectos vectores de doenças humanas. Annu. Rev. Entomol. 45:371-391.

161.	Ho SH, Koh L, Ma Y, Huang Y, Sim KY. 1996. O óleo de alho, *Allium sativum* L. (Amaryllidaceae), como potencial protetor de grãos contra *Tribolium castaneum* (Herbst) e *Sitophilus zeamais* Motsch. J. Stored Prod. Res. 34:11-17.

162.	Ho SH, Ma Y, Huang Y. 1997. Anethol, um potencial inseticida para Illicium verum Hook F. contra dois insectos de produtos armazenados. Int. Pest Control. 39:50-51.

163.	Hold KM, Sirisoma NS, Ikeda T, Narahashi T, Casida JE.2000. Thujone (o componente ativo do absinto): modulação do recetor do ácido y-aminobutírico tipo A e desintoxicação metabólica. Proc. Natl. Acad. Sci. USA. 3826-3831.

164.	Hollingworth RM, Johnstone EM, Wright N. 1984. In: Magee, PS, Kohn GK, Menn JJ (Eds), Pesticide Synthesis through Rational Approaches, ACS Symposium Series No. 255: 103-125. Am. Chem. Soc. Washington, DC.

165.	Holst N, Meikle WG, Markham RH. 2000. Modelos de danos nos grãos para *Prostephanus truncatus* (Coleoptera: Bostrichidae) e *Sitophilus zeamais* (Coleoptera: Curculionidae) em plantações rurais de milho na África Ocidental. J. Econ. Entomol. 93:1338-1346.

166.	Howe RW, Currie JE. 1964. Algumas observações laboratoriais sobre as taxas de desenvolvimento, mortalidade e oviposição de várias espécies de Bruchidea que se reproduzem em leguminosas armazenadas. Bull. Entomol. Res. 55: 437-477.

167.	Huang Y, Lam SL, Ho SH. 2000. Bioactividades do óleo essencial de *Elletaria cardamomum* (L.) Maton. para *Sitophilus zeamais* Motschulsky e *Tribolium* castaneum (Herbst). J Stored Prod Res. 36:107-117.

168.	Hummelbrunner LA, Isman MB. 2001. Efeitos agudos subletais, antifeedantes e sinérgicos de compostos monoterpenóides de óleos essenciais sobre o bicho do tabaco, *Spodoptera litura* (Lep. Noctuidae). J. Agric. Food Chem. 49:715-720.

169.	Hunter M. 2009. Óleos essenciais: Arte, Agricultura, Ciência, Indústria e Empreendedorismo. Nova Science Publishers, Inc., Nova Iorque.

170.	Inagaski T. 1989. Atividade biológica e antimicrobiana de óleos essenciais e compostos monoterpénicos. Fragrance J. 17:91-94.

171.	Ipsita D, Girish K, Narendra GS. 2013. Aquecimento por micro-ondas como um método alternativo de quarentena para a desinfestação de grãos alimentares armazenados. Int. J. Food Sci. MS ID 926468, 13.

172.	Irshad M, Jilani WA. 1990. Resistência do *Tribolium castaneum* (Herbst) (Coleoptera: Tenebrionidae) ao malatião no Paquistão. Pak. J. Zool. 22:257-262.

173.	Ishaaya I. 2001. Biochemical Sites of Insecticide Action and Resistance (Locais bioquímicos da ação e resistência dos insecticidas). Berlim, Alemanha, Springer-Verlag. Jiang HB, Wang JJ, Liu GY, Dou W. 2008. Clonagem molecular e análise da sequência de um novo gene P450 que codifica CYP345D3 do escaravelho da farinha vermelha, Tribolium castaneum. Jornal de Ciência dos Insectos 8, 55.

174.	Isikber AA, Alma MH, Kanat M e Karci A. 2006. Toxicidade fumigante de óleos essenciais de *Laurus nobilis* e *Rosmarinus officinalis* contra todas as fases de *Tribolium confusum*. Phytoparasitica. 34(2):167-177.

175.	Islam R, Khan RI, Al-Reza SM, Jeong YT, Song CH, Khalequzzaman M. 2009. Composição química e propriedades insecticidas do óleo de Cinnamomum contra o escaravelho dos produtos armazenados *Callosobruchus maculatus* (F.). J. Sci. Food Agri. 89:1241-1246

176.	Isman MB, Miresmailli S, Machial C. 2011. Oportunidades comerciais para pesticidas baseados em óleos essenciais de plantas na agricultura, indústria e produtos de consumo. Phytochem. Rev. 10:197-204.

177.	Isman MB. 2008. Insecticidas botânicos: De mais rico para mais pobre. Pest Manag. Sci. 64(1):8-11.

178.	Izakmehri K, Saber M, Hassanpouraghdam MB. 2012. Efeitos letais e subletais dos óleos essenciais de

Heracleum persicum Desf e *Eucalyptus* sp. como biopesticida contra os adultos de *Callosobruchus maculatus* F. (Coleoptera: Bruchidae). Actas do 20º Congresso Iraniano de Proteção das Plantas; Doenças das Plantas, Ciência das Infestantes, Entomologia, Acarologia e Zoologia. Universidade de Shiraz, Shiraz, Irão. 259 p.

179. Jaenson TG, Palsson K, Borg-Karlson AK. 2006. Avaliação de extractos e óleos de plantas repelentes de mosquitos (Diptera: Culicidae) da Suécia e da Guiné-Bissau. J. Med. Entomol. 43:113119.

180. Jairoce CF, Teixeira CM, Nunes CFP, Nunes AM, Pereira CMP, Garcia FRM. 2016. Atividade inseticida do óleo essencial de cravo sobre o gorgulho do feijão e o gorgulho do milho. Revista Brasileira de Engenharia Agrícola e Ambiental. 20:72-77.

181. Jalali HM, Serehti H. 2007. Determinação dos componentes dos óleos essenciais de *Artemisia haussknechtii* Boiss. utilizando hidrodestilação simultânea - microextracção em fase líquida de headspace estático - espetrometria de massa por cromatografia gasosa. J. Chromatogr. A. 1160:81-89.

182. Jamal M, Moharramipour S, Zandi M, Negahban M. 2012. Atividade ovicida do óleo essencial nano-encapsulado de *Carum copticum* na traça diamante *Plutella xylostella*. Actas do 1º Congresso Nacional de Monitorização e Previsão em Proteção de Plantas, 14-15 de fevereiro, Borujerd, Irão, pp: 128-129.

183. Jilani G, Saxena RC, Rueda BP. 1988. Efeitos repelentes e inibidores de crescimento do óleo de curcuma, óleo de sweetflag, óleo de neem e Margosan-O no escaravelho da farinha vermelha (Coleoptera: Tenebrionidae). J. Econ. Entomol. 81:1226-1230.

184. Kalemba D, Gora J, Kurowska A, Majda T, Mielniczuk Z. 1993. Análise de óleos essenciais no aspeto da sua influência sobre os insectos. Parte I. Óleos essenciais de *Absinthium*. Zeszyty Naukowe Politechniki Lodzkiej, Technologia I Chemia Spozywcza. 589:5-14.

185. Kalemba D, Kurowska A, Gora J, Lis A. 1991. Análise de óleos essenciais: influência de insectos. Parte V. Óleo essencial das bagas de zimbro *(Juniperus communis* L.). Pestycydy. 2:31-34.

186. Karahroodi ZR, Moharramipour S, Rahbarpour A. 2009. Efeito repelente investigado de alguns óleos essenciais de 17 plantas medicinais nativas em adultos *Plodia interpunctella*. Am. Eurasian J. Sustainable Agric. 3:181-184.

187. Kasai S, Ng LC, Lam-Phua SG, Tang CS, Itokawa K, Komagata O, Kobayashi M, Tomita T. 2011. Primeira deteção de um gene putativo de resistência ao knockdown no principal mosquito vetor, Aedes albopictus. Japanese J. Infectious Dis. 64:217-221.

188. Kasali AA, Adio AM, Oyedeji AO, Eshilokun AO, Adefenwa M. 2002. Constituintes voláteis da casca de *Boswellia serrata* Roxb. (Burseraceae). Flavour Fragr. J. 17:462-464.

189. Katerinopoulos H, Pagona G, Afratis A, Stratigaki, N e Roditakis N. 2005. Composição e atividade de atração de insectos do óleo essencial de *Rosmarinus officinalis*. J. Chem Ecol. 31:111-122.

190. Ketoh GK, Koumaglo HK, Glitho IA Huignard J. 2006. Efeitos comparativos do óleo essencial de *Cymbopogon schoenanthus* e da piperitona no desenvolvimento de *Callosobruchus maculatus*. Fitoterapia. 77:506-510.

191. Khalfallah A, Labed A, Semra Z, AI-Kaki B, Kabouche A, Touzani R, Kabouche Z. 2011. Atividade antibacteriana e composição química do óleo essencial de *Ammi visnaga* L. (Apiaceae) de Constantine, Argélia. Int. J. Med. Aromatic Plant. 1(3):302-305.

192. Khan MQ. 1948. A contribution to a further knowledge of the structure and biology of the weevils, *Sitophilus oryzae* (Linn.) and *S. granarius* (Linn.) with special reference to the effects of temperature and humidity on the rate of their development. Indian J. Entomol. 11:143-201.

193. Khani A, Asghari J. 2012. Actividades insecticidas de *Mentha longifolia, Pulicaria gnaphalodes* e *Achillea wilhelmsii* contra duas pragas de produtos armazenados, o escaravelho da farinha, *Tribolium castaneum*, e o gorgulho do feijão-frade, *Callosobruchus maculatus*. J. Insect Sci. 12:73.

194. Khani A, Rahdari T. 2012. Composição química e atividade inseticida do óleo essencial de sementes de *Coriandrum sativum* contra *Tribolium confusum* e *Callosobruchus maculates*. Int. Scholarly Res. Net. doi:10.5402/2012/263517.

195. Kheradmand K, Sadat NSA, Sabahi G. 2010. Efeitos repelentes do óleo essencial de *Simmondasia chinensis* (Link) contra *Oryzaephilus surinamensis* Linnaeus e *Callosobruchus maculates* Fabricius. Res. J.

Agri. Sci. 1(2):66-68.

196. Kim S I, Roh JY, Kim DH, Lee HS, Ahn YJ. 2003b. Actividades insecticidas de extractos de plantas aromáticas e óleos essenciais contra *Sitophilus oryzae* e *Callosobruchus chinensis*. J. Stored Prod. Res. 39:293-303.

197. Kim SI, Park C, Ohh MH, Cho HC, Ahn YJ. 2003a. Actividades de contacto e fumigantes de extractos de plantas aromáticas e óleos essenciais contra *Lasioderma serricorne* (Coleoptera: Anobiidae). J. Stored Prod. Res. 39:1-19.

198. Kim SI, Yoon JS, Jung JW, Hong KB, Ahn YJ, Kwon HW. 2010. Toxicidade e repelência do óleo essencial de origanum e seus componentes contra adultos de *Tribolium castaneum* (Coleoptera: Tenebrionidae). J. Asia Pacific Entomol. 13:369-373.

199. Klocke JA, Balandrin MF, Yamasaki RB. 1989. Limonóides, fenólicos e furano-cumarinas como antifeedants de insectos, repelentes e componentes inibidores de crescimento. *Em* J.T. Arnason, P. Morand e B.J.R. Philogene (eds.), Insecticides of Plant Origin, American Chemical Society, Washington DC, pp. 136-149.

200. Klocke JA, Barnby MA. 1989. Os aleloquímicos vegetais como fontes e modelos de agentes de controlo de insectos. *Chung Yang Yen Chiv Yuan Chih Yen Chiu So Chuan K'an* 9, 455-65.

201. Knio K M, Usta J, Dagher S, Zournajian H, Kreydiyyeh S. 2008. Atividade larvicida de óleos essenciais extraídos de ervas vulgarmente utilizadas no Líbano contra o mosquito da beira-mar, *Ochlerotatus caspius*. Biores. Tech. 99:763-768.

202. Kokate CK, D'Cruz JL, Kumar RA e Apte SS. 1985. Atividade anti-insectos e juvenoidal de fitoquímicos derivados de *Adhatoda vasica* Nees. Indian J. Natural Prod. 1:7-9.

203. Kono M, Ono M, Ogata K, Fujimori M, Imai T, Tsucha S. 1993. Fuji Flavor Co, Japão & Nippon Tobacco Sangyo. Controlo de insectos com óleos essenciais de plantas e insecticidas. Patente JP 93-70745 930308.

204. Kostyukovsky M, Rafaeli A, Gileadi C, Demchenko N e Shaaya E. 2002. Ativação de receptores octopaminérgicos por constituintes de óleos essenciais isolados de plantas aromáticas: possível modo de ação contra insectos pragas. Pest Mgt. Sci. 58:1101-1106.

205. Koudou J, Abena AA, Ngaissona P, Bessiere JM. 2005. Composição química e atividade farmacológica do óleo essencial de *Canarium schweinfurthii*. Fitoterapia. 76:700-703.

206. Koudou J, Edou P, Obame LC, Bassole IH, Figueredo G, Agnaniet H. 2008. Componentes voláteis, propriedades antioxidantes e antimicrobianas do óleo essencial de *Dacryodes edulis* G. Don do Gabão. J App Sci. 8:3532-3535.

207. Koudou J, Obame LC, Kumulungui BS, Edou P, Figueredo G, Chalchat JC. 2009. Constituintes voláteis e atividade antioxidante do óleo essencial de *Aucoumea klaineana* Pierre. Afr. J Pharm Pharmacol. 3:323-326.

208. Koul O, Singh G, Singh R, SINGH J. 2007. Mortalidade e desempenho reprodutivo de *Tribolium castaneum* exposto a vapores de Anethol a alta temperatura. Biopest. Int. 3:126-137.

209. Koul O, Walia S, Dhaliwal GS. 2008. Óleos essenciais como pesticidas verdes: Potential and constraints. Biopestic. Int. 4:63-84.

210. Kumbhar PP, Dewang PM. 2001. Monoterpenoids: Os agentes naturais de controlo de pragas. Frag. Flav. Assoc. India. 3:49-56.

211. Lahlou M. 2004. Métodos para estudar a fitoquímica e a bioatividade dos óleos essenciais. Phytother. Res. 18:435-448.

212. Lamiri A, Lhaloui S, Benjilali B, Berrada M. 2001. Efeitos insecticidas de óleos essenciais contra a mosca de Hesse, *Mayetiola desstructor* (Say). Field Crops Res. 71:9-15.

213. Lee BH, Choi WS, Lee SE, Park BS. 2001. Toxicidade fumigante de óleos essenciais e seus compostos constituintes para o gorgulho do arroz, *Sitophilus oryzae* (L.). Crop Prot. 20:317-320.

214. Lee BH, Lee SE, Annis PC, Pratt SC, Park SB, Tumaalii F. 2002. Toxicidade fumigante de óleos essenciais e monoterpenos contra o escaravelho da farinha vermelha, *Tribolium castaneum* Herbst. J. Asia-

Pacific Entomol. 5:237-240.

215. Lee S, Tsao R, Peterson C, Coats JR. 1997. Atividade inseticida dos monoterpenóides contra o verme da raiz do milho ocidental (Coleoptera: Chrysomelidae), o ácaro de duas manchas (Acari: Tetranychidae) e a mosca doméstica (Diptera: Muscidae). J. Econ. Entomol. 90:883-892.

216. Lee SH, Clark SM. 1999. Imunoensaio de captura de anticorpos para a deteção de permetrina carboxilesterase no escaravelho da batata do Colorado, Leptinotarsa decemlineata Say. Pest. Biochem. Physiol. 64:66-75.

217. Levinson HZ, Levinson AR. 1985. Armazenamento e espécies de insectos de grãos armazenados e túmulos no antigo Egipto. *Zeitschriftfuer Angewandte Entomologie* 100:321-339.

218. Li XC, Schuler MA, Berenbaum MR. 2007. Mecanismos moleculares de resistência metabólica a xenobióticos sintéticos e naturais. Ann. Rev. Entomol. 52:231-253.

219. Liang K. 1988. República Popular da China. Composição inseticida contendo piretrinóides para uso doméstico. Patente CN 88-105917 880711.

220. Lima HRP, Kaplan MAC e Cruz AVM. 2003. Influência dos fatores abióticos na produção e variabilidade de terpenoides em plantas. Floresta Ambiental. 10(2):71-77.

221. Liu CJ, Chen CL, Chang KW, Chu CH, Liu TY. 2000. Safrole in betal quid may be a risk fator for hepatocellular carcinoma: case report. Can. Med. Assoc. J. 162:359-360.

222. Liu ZL, Chu SS, Jiang GH. 2011a. Atividade inseticida e composição do óleo essencial de *Ostericum sieboldii* (Apiaceae) contra *Sitophilus zeamais* e *Tribolium castaneum*. Rec. Natural Prod. 5:74-81.

223. Lopez MD, Jordan M J, Pascual-Villalobus MJ. 2008. Compostos tóxicos em óleos essenciais de coentro, cominho e manjericão activos contra pragas de arroz armazenado. J. Stored Prod. Res. 44:273-278.

224. Lorini I, Galley DJ. 1998. Eficácia relativa de aplicações tópicas, em papel de filtro e em grãos de deltametrina e comportamento associado de estirpes de *Rhyzopertha dominica* (F.). J. Stored Prod. Res. 34:377-383.

225. Lorini I, Galley DJ. 1999. Resistência à deltametrina em *Rhyzopertha dominica* (F.) (Coleoptera: Bostrichidae), uma praga de grãos armazenados no Brasil. J. Stored Prod. Res. 35:37-45.

226. Manzoomi N, Ganbalani GN, Dastjerdi HR, Fathi SAA. 2010. Toxicidade fumigante dos óleos essenciais de *Lavandula officinalis, Artemisia dracunculus* e *Heracleum persicum* sobre os adultos de *Callosobruchus maculatus* (Coleoptera: Bruchidae). Munis Entomol. Zool. 5(1): 118-122.

227. Maradufu A, Warthen JD. 1988. Furano sesquiterpenoids from *Commiphora* myrrh oil. Plant Sci. 57:181-184.

228. Marongiu B, Piras A, Porcedda S, Scorciapino A. 2005. Composição química do óleo essencial e do extrato supercrítico de CO2 de *Commiphora myrrha* (Nees) Engl. e de *Acorus calamus* L. J Agric Food Chem. 53:7939-7943.

229. Marrio DLM, Giovanni S, Stefania D, Emanela B. 2002. Formulações de óleos essenciais úteis como uma nova ferramenta para o controlo de pragas de insectos. AAPS Pharmscitech. 3:64-74.

230. Martinez JL. 2008. Extração de Fluido Supercrítico de Nutracêuticos e Compostos Bioactivos, CRC Press, NW.

231. Martinez-Torres D, Chandre F, Williamson MS, Darriet F, Berge JB, Devonshire AL, Guillet P, Pasteur N, Pauron D. 1998. Caracterização molecular da resistência ao knockdown de piretróides (kdr) no principal vetor da malária *Anopheles gambiae* s.s. Insect Mol. Biol. 7:179-184.

232. Martins AP, Salgueiro LR, Goncalves MJ, Cunha APD, Vila R, Canigueral S. 2003. Composição do óleo essencial e atividade antimicrobiana da casca de *Santiria trimera*. Planta Med. 69:77-79

233. Martn A, Varona S, Navarrete A, Cocero MJ. 2010. Processos de encapsulamento e co-precipitação com fluidos supercríticos: Aplicações com óleos essenciais. Open Chem. Eng. J. 4:31-41.

234. Marzec MA, Polakowski C, Chilczuk R, Kolodziej B. 2010. Avaliação do teor de óleo essencial, da sua composição química e do preço das matérias-primas de tomilho *(Thymus vulgaris* L.) disponíveis na Polónia. Herba Polonica. 56: 37-52.

235. Mason LJ. 2008. Pragas de produtos armazenados Besouro do fungo peludo *(Typhaea stercorea* L.). Extensão Purdue E-226-W.

236. Matsumoto T, Takaoka K, Watanabe C. 1987. Acaricidas, insecticidas e repelentes de insectos contendo benzaldeído ou aldeído de perilla. Patente JP-87 176437 870715.

237. Medzegue MJ, Stokes A, Gardrat C, Grelier S. 2013. Análise de compostos voláteis na oleorresina de *Aucoumea klaineana* por headspace estático / cromatografia gasosa / espetrometria de massa. J Nat Prod. 6:8189.

238. Melander AL. 1914. Podem os insectos tornar-se resistentes às pulverizações? J. Econ. Entomol. 7:167.

239. Meshkatalsadat MH, Bamonori A, Batooli H. 2010. Os constituintes bioactivos e voláteis de *Prangos acaulis* (DC) Bornm extraídos utilizando técnicas de hidrodestilação e injeção à escala nano. Digest J. Nanomaterials Biostructures. 5(1):263-266.

240. Michel JDP, François T, Bernadin N, Wilson A, Bertrand S, Amvam ZPH. 2010. Caracterização química, potencial antirradicalar, antioxidante e anti-inflamatório dos óleos essenciais de *Canarium schweinfurthii* e *Aucoumea klaineana* (Burseraceae) que crescem nos Camarões. Agr. Biol. J N Am. 1:606-611.

241. Miller EC, Swanson AB, Philips DH, Fletcher TL, Liem A, Miller JA. 1983. Estudos de estrutura e atividade das carcinogenecidades no rato e na ratazana de alguns derivados naturais e sintéticos relacionados com o safrol e o estragol.Cancer Res. 43:1124-1134.

242. Miller GT. 2004. Sustaining the Earth, 6th Ed. Thompson Learning. Inc. Pacific Grove, Califórnia, EUA.

243. Mills, K.A. 1983. Resistência ao fumigante fosforeto de hidrogénio em algumas espécies de produtos armazenados associada a tratamentos repetidos inadequados. Mitteilungen der Deutschen Gesellschaft für allgemeine und angewandte Entomologie 4:98-101.

244. Mondal M, Khalequzzaman M. 2010. Toxicidade de compostos naturais de óleo essencial de plantas contra *Tribolium castaneum* (Herbst). J. Biol. Sci. 10(1):10-17.

245. Mothana RAA, Hasson SS, Schultze W, Mowitz A, Lindequist U. 2011. Composição fitoquímica e actividades antimicrobianas e antioxidantes in vitro de óleos essenciais de três espécies endémicas de *Boswellia* soqotraen. Food Chem. 126:1149-1154.

246. Mwangi JW, Addae-Mensah I, Muriuki G, Munavu R, Lwande W e Hassanali A. 1992. Óleos essenciais de espécies de Lippia no Quénia IV: repelência do gorgulho do milho (*Sitophilus zeamais*) e atividade larvicida. Int. J. Pharm. 30:9-16.

247. Najda A, Dyduch M. 2009. Conteúdo e composição química dos óleos essenciais de morango silvestre *(Fragaria vesca* L.) Herba Polonica. 55:153-162.

248. Narasaki M, Morita H, Fujisaki T. 1987. Mikasa Chemical Industrial Co, Ltd. Japão. Inseticidas sinérgicos contendo inibidores de crescimento de insectos. Patente JP 87-173368 870711.

249. Nasser M, Housheh S, Kourini A e Maala N. 2014. Composição química do óleo essencial de folhas e flores de *Inula viscosa* (L.) na região de Al-Qadmous, SYRIA. Int. J. Pharm. Sci. Res. 5(12)5177-5182.

250. Nawrot J. 1983. Princípios para o controlo do gorgulho dos cereais (*Sitophilus granaries* L.) (Coleoptera: Cuculionidae) com a utilização de compostos químicos naturais que afectam o comportamento dos escaravelhos. Prace Naukowe Instytutu Ochrony Roslin. 24:173-97.

251. Negahban M, Moharramipour S, Zand M, Hashemi SA. 2014. Atividade repelente do óleo essencial nanoencapsulado de *Artemisia sieberi* Besser em larvas de *Plutella xylostella* L.. Irão. J. Med. Aromatic Plants. 29:909-924.

252. Ngoh SP, Choo LEW, Pang FY, Huang Y, Kini MR, Ho SH. 1998. Propriedades insecticidas e repelentes de nove constituintes voláteis de óleos essenciais contra a barata *americana, Periplaneta americana* (L.). Pest. Sci. 54:261-268.

253. Ngomo AF, Ngamo LT, Tapondjou LA, Tchouanguep FM, Hance T. 2008. Efeitos insecticidas da formulação em pó à base de argila e óleo essencial de folhas de Clausena *anisata* (Willd) J.D. ex. Benth (Rutaceae) contra *Acanthoscelides obtectus* (Say) Hook (Coleoptera; Bruchidae). J. Pest Sci. 81(4): 227-234.

254. Nondenot ALR, Seri-Kouassi BP e Kouakou KH. 2010. Atividade inseticida de óleos essenciais de três plantas aromáticas sobre *Callosobruchus Maculatus* F. em Côte D'ivoire. Eur. J. Sci.Res. 39(2):243-250.

255. Novgorodov SA, Gudz TI. 1996. O poro de transição de permeabilidade da membrana mitocondrial interna pode funcionar em dois estados abertos com diferentes selectividades. J. Bioenerg. Biomembr. 28:139-146.

256. Nowrouziasl F, Shakarami J, Shahryar J. 2014. Toxicidade de fumigação de óleos essenciais de cinco espécies de *eucalipto* contra adultos de *Sitophilus Oryzae* L. (Coleoptera: Curculionidae). Int. J. Agri. Inn. Res. 2(4):2319-1473.

257. Obame LC, Edou P, Bassolé IHN, Koudou J, Agnaniet H, Eba F. 2008. Composição química, propriedades antioxidantes e antimicrobianas do óleo essencial de *Dacryodes edulis* (G. Don) H. J. Lam do Gabão. Afr. J. Microbiol. Res. 2:148-152.

258. Obeng--Ofori, D, Reichmuth C. 1997. Bioatividade do eugenol, um componente principal do óleo essencial de *Ocimum suave* (Wild.) contra quatro espécies de Coleoptera de produtos armazenados. Int. J. Pest Manag. 43:89-94.

259. Odalo JO, Omolo MO, Malebo H, Angira J, Njeru PM, Ndiege IO e Hassanali A. 2005. Repelência de óleos essenciais de algumas plantas da costa do Quénia contra Anopheles gambiae. Ata Trop. 95:210-218.

260. Okano T, Yoshioka Y, Kobayashi, Y. 1992. Osaka Seiyaku KK, Japão. Composições de controlo de insectos contendo p-diclorobenzeno e óleos essenciais para a conservação de roupas. Patente JP 92-359732 921218.

261. Omolo MO, Okinyo D, Ndiege IO, Lwande W, Hassanali A. 2004. Repelência de óleos essenciais de algumas plantas do Quénia contra *Anopheles gambiae.* Phytochem. 65:2797-2802.

262. Onocha PA, Ekundayo O, Oyelola O, Laakso I. 1999. Óleos essenciais de *Dacryodes edulis* (G. Don) H. J. Lam (pera africana). Flavour Fragr. J. 14:135-139.

263. Ortet R, Thomas OP, Regalado EL, Pino JA, Filippi JJ, Fernández MD. 2010. Composição e propriedades biológicas do óleo volátil de *Artemisia gorgonum* Webb. Chem. Biodivers. 7:13251332.

264. Oskuee RK, Behravan J, Ramenzani M. 2011. Composição química, atividade antimicrobiana e atividade antiviral do óleo essencial de Carum capticum do Irão. Avicenna J. Phytomed. 1:83-90.

265. Padalia RC, Verma RS, Chauhan A, Chanotiya CS, Yadov A. 2011. Variação nos constituintes voláteis de *Artemisia annua* var. CIM-Arogya durante a ontogenia da planta. Nat. Prod. Commun. 6:239-242.

266. Pair SD, Horvat RJ. 1997. Voláteis de flores de madressilva japonesa como atractivos para insectos Lepidópteros adultos. Patente dos EUA 5665344.

267. Pal M, Verma RK, Tewari SK. 2011. Atividade anti-térmita do óleo essencial e dos seus componentes da *Myristica fragrans* contra *Microcerotermes beesoni.* J. Appl. Sci. Environ. Manage. 15(4):597- 599.

268. Papachristos DP, Stamopoulos DC. 2002. Efeitos repelentes, tóxicos e inibidores da reprodução de vapores de óleos essenciais em *Acanthoscelides obtectus* (Say) (Coleoptera: Bruchidae). J. Stored Prod. Res. 38:117-128.

269. Papachristos DP, Stamopoulos DC. 2003. Seleção de Acanthoscelides obtectus (Say) para resistência ao vapor de óleo essencial de alfazema. J. Stored Prod. Res. 39:433-441.

270. Paranagama PA, Wimalasena S, Jayatilake GS, Jayawardhena AL, Senanayaka UM, Mubarak AM. 2001. Uma comparação dos constituintes do óleo essencial da casca, folha, raiz e fruto da canela *(Cinnamomum zeylanicum)* cultivada no Sri Lanka. J. Natn. Sci. Foundation Sri Lanka. 29:147-153.

271. Park IK, Choi KS, Kim DH, Choi IH, Kim LS, Bak WC, Choi JW, Shin SC. 2006a. Atividade fumigante de óleos essenciais de plantas e componentes de óleos de rábano (*Armorcia rusticana*), anis (*Pimpinella anisum*) e alho (*Allium sativum*) contra *Lycoriella ingénue* (Diptera: Sciaridae). Pest Manag. Sci. 62:723-728.

272. Park IK, Kim J, Lee SG, Shin SC. 2007. Atividade nematicida de óleos essenciais de plantas e componentes dos óleos essenciais de Ajowan (*Trachyspermum ammi*), *Pimenta* da Jamaica (*Pimenta dioica*) e Litsea (*Litsea cubeba*) contra o nemátodo da madeira do pinheiro (*Bursaphelenchus Xylophilus*). J. Nematol. 39:275-279.

273.	Park IK, Kim LS, Choi IH, Lee YS, Shin SC. 2006b. Atividade fumigante de óleos essenciais de plantas e componentes de *Schizonepeta tenuifolia* contra *Lycoriella ingénue* (Diptera: Sciaridae). J. Eco. Entomol. 99:1717-1721.

274.	Parkin EA. 1956. Entomologia de produtos armazenados. Ann. Rev. Entomol. 1:223-240.

275.	Paruch E, Ciunik Z, Nawrot J, Wawrzenczyk C. 2000. Lactonas: Síntese de terpenóides lactonas antifeedantes de insectos activos. J. Agric. Food Chem. 48:4973-4977.

276.	Pavela R. 2011. Atividade inseticida e repelente de óleos essenciais seleccionados contra os adultos do escaravelho do pólen, *Meligethes aeneus* (Fabricius). Ind. Crops Prod. 34:888-892.

277.	PBS. 2001. Resistência aos pesticidas. Recuperado em 15 de setembro de 2007.

278.	Pereira ACRL, Oliverira JV, Gondim Junior MGC e Cmara CAG. 2008. Atividade inseticida de óleos essenciais e fixos em *Callosobruchus maculatus* (Fabr. 1775) (Coleoptea: Bruchidae) em grãos de feijão-caupi *Vigna unguiculata* (L.) Walp. Ciencia Agrotec. 32(3): 717-724.

279.	Perez-Mendoza J. 1999. Estudo da resistência aos insecticidas em populações mexicanas do gorgulho do milho, *Sitophilus zeamais*. J. Srored Prod. Res. 35(1):107-115.

280.	Petroski RJ, Hammack L. 1998. Relações estrutura-atividade de álcoois alquílicos fenílicos, aminas alquílicas fenílicas e derivados de álcool cinamílico como atractivos para o verme adulto da raiz do milho (Coleóptero: Chrysomelidae: *Diabrotica* sp.). Environ. Entomol. 27:688-694.

281.	Politeo O, Juki M, Milo M. 2006. Composição Química e Atividade Antioxidante de Óleos Essenciais de Doze Plantas de Especiarias. Croatica Chemica Ata. 79(4):545-552.

282.	Potter C. 1935. A biologia e a distribuição de *Rhizopertha dominica* (Fab.) Trans. Roy. Entomol. London 83:449-482.

283.	Pourmortazavi SM, Hajimirsadeghi SS. 2007. Extração com fluido supercrítico na análise de óleos essenciais e voláteis de plantas. J. Chrom. 163:2-24.

284.	Prieto JA, Patino OJ, Delgado WA, Moreno JP, Cuca LE. 2011. Composição química, atividades inseticida e antifúngica de óleos essenciais de frutas de três espécies colombianas de *Zanthoxyllum*. Chilean J. Agri. Res. 71:73-82.

285.	Pugazhvendan SR, Ross PR, Elumalai K. 2012. Actividades insecticidas e repelentes de óleo de plantas contra pragas de grãos armazenados, *Tribolium castaneum* (Herbst) (Coleoptera:Tenebrionidae). Asian Pacific J. Trop. Dis. S412-S415.

286.	Raina AK. 1970. *Callosobruchus* spp. que infestam leguminosas armazenadas (leguminosas para grão) na Índia e estudo comparativo da sua biologia. Ind. J. Entomol. 32(4):303-10.

287.	Raju P. 1984. The staggering storage losses: causes and extent. *Pesticidas* 18:35-37.

288.	Ramesh A. 1999. Priorities and Constraints of Post harvest Technology in India, In: Y. Nawa, Post harvest Technology in Asia. Centro Internacional de Investigação do Japão para as Ciências Agrícolas, Tóquio, 37p.

289.	Ramos-Elorduy J, Gonzalez EA, Herrandez AR, Pino JM. 2002. Utilização de *Tenebrio molitor* (Coleoptera: Tenebrionidae) na reciclagem de resíduos orgânicos e como alimento para frangos de carne. J. Econ. Entomol. 95:214-220.

290.	Rana VS, Rashmi RD. 2005. Actividades antifeedantes e de oviposição das folhas de Vitex negundo contra *Sitophilus oryzae* e *Callosobruchus chinensis*. Shashpa, 12:117-121].

291.	Re L, Barocci S, Sonnino S, Mencarelli A, Vivani C, Paolucci G, Scarpantonio A, Rinaldi L e Mosca E. 2000. O linalol modifica a cinética do canal do ião-recetor nicotínico na unção neuromuscular do rato. Pharmacol. Res. 42:177-181.

292.	Regnault-Roger C, Hamraoui A. 1994. Inibição da reprodução de *Acanthoscelides obtectus* Say (Coleoptera), um bruquídeo do feijão comum *(Phaseolus vulgaris)*, por óleos essenciais aromáticos. Crop Prot. 13:624-28.

293.	Rembold H. 1989. Azadirachtins: Sua estrutura e modo de ação. In: *Insecticidas de origem vegetal*. J.T. Arnason, B.J.R. Philogene e P. Morand (Editores),150-163. CRC Press, Flórida.

294. Rezaeinodehl A, Khangholi S. 2008. Composição química do óleo essencial de *Artemisia absinthium* que cresce em estado selvagem no Irão. Pak. J. Biol. Sci. 11:946-949.

295. Ribeiro BM, Guedes RNC, Oliveira EE, Santos JP. 2003. Resistência a inseticidas e sinergismo em populações brasileiras de *Sitophilus zeamais* (Coleoptera: Curculionidae). J. Stored Prod. Res. 39:21-31.

296. Rice J, Coats JR. 1994. Propriedades insecticidas de vários monoterpenóides para a mosca doméstica (Diptera: Muscidae), o escaravelho da farinha vermelha (Coleoptera: Tenebrionidae) e o verme do sul do milho (Coleoptera: Chrysomelidae). J. Econ. Entomol. 87:1172-179.

297. Richards OW. 1947. Observações sobre os gorgulhos dos cereais, *Calandra* (Col., Curculionidae). I. Biologia geral e oviposição. Proc. Zool. Soc. Lond. 117:1-43.

298. Richter C, Schlegel J. 1993. Libertação de cálcio mitocondrial induzida por pró-oxidantes. Toxicol. Lett. 67:119-127.

299. Riedel G, Heller G, Voigt M. 1989. Detia Freyberg GmbH, Alemanha (República Federal). Citronelol e eugenol como agentes anti-traça. Patente DE 89-3901341 890118.

300. Romeilah RM, Fayed SA, Mahmoud GI. 2010. Composições Químicas, Actividades Antivirais e Antioxidantes de Sete Óleos Essenciais. J. Appl. Sci. Res. 6(1):50-62.

301. Rozman V, Kalinovic I, Korunic Z. 2007. Toxicidade de compostos naturais de Lamiaceae e Lauraceae para três insectos de produtos armazenados. J. Stored Prod. Res. 43:349-355.

302. Ryan ME, Byrne O. 1988. Co-evolução planta-inseto e inibição da acetilcolinesterase. J. Chem. Ecol. 14:1965-1975.

303. Saeidi M, Moharramipour S, Sefidkon F, Aghajanzadeh S. 2011. Actividades insecticidas e repelentes dos óleos essenciais de *Citrus reticulate*, *Citrus limon* e *Citrus aurantium* sobre *Callosobruchus maculatus*. Proteção Integrada. Produtos Armazenados IOBC/WPRS Bull. 69:289-293.

304. Sahaf BZ, Moharamipour S, Meshkatassadat MH. 2007. Constituintes químicos e toxicidade fumigante do óleo essencial de *Carum copticum* contra dois escaravelhos de produtos armazenados. Insect Sci. 14:213-218.

305. Sahaf BZ, Moharramipour S, Meshkatalsadat MH, Filekesh E. 2008. Atividade repelente e persistência dos óleos essenciais de *Carum copticum* e *Vitex pseudonegundo* em Tribolium castaneum. Proteção Integrada. Produtos Armazenados. IOBC Bull. 40:205-210.

306. Sahaf BZ, Moharramipour S. 2008. Toxicidade fumigante dos óleos essenciais de *Carum copticum* e *Vitex pseudo- negundo* contra ovos, larvas e adultos de *Callosobruchus maculatus*. J. Pest Sci. 81(4): 213-220.

307. Saijo T. 1989. Shoko Kagaku Kenkyusho K K, Japão. Formulações de libertação lenta contendo substâncias voláteis úteis na indústria. Patente JP 89-161829 890623.

308. Saim N, Meloan CE. 1986. Compostos de folhas de louro (Laurus nobilis L.) como repelentes para Tribolium castaneum (Herbst) quando adicionados à farinha de trigo. J. Stored Prod. Res. 22:141-144.

309. Saleem M, Hussain D, Rashid RH, Saleem HM, Ghouse G, Abbas M. 2013. Actividades insecticidas de dois óleos de citrinos contra *Tribolium Castaneum* (Herbst). Am. J. Res. Comm. 1(6): 67-74

310. Saleem S, ul Hasan M, Sagheer M, Sahi ST. 2014. Atividade inseticida de óleos essenciais de quatro plantas medicinais contra diferentes pragas de insetos de grãos armazenados. Paquistão J. Zool. 46(5): 1407-1414.

311. Sangun MK, Aydin E, Timur M, Karadeniz H, Caliskan M e Ozkan A. 2007. Comparação da composição química do óleo essencial de folhas e frutos de *Laurus nobilis* L. de diferentes regiões de Hatay, Turquia. J. Environ. Biol. 28(4):731-733.

312. Sangwan NS, Farooqi AHA, Shabih F e Sangwan RS. 2001. Regulação da produção de óleo essencial nas plantas. Regulação do crescimento das plantas. 34:03-21.

313. Sano J, Une T. 1993. Kanebo Ltd., Japão. Tecidos resistentes a insectos Washfast. Patente JP 93-37412 930201.

314. Sanon A, Iboudo Z, Dabire CLB, Nebie RCH, Dicko IO, Monge JP. 2006. Efeitos de *Hyptis spicigera* Lam. (Labiatae) no comportamento e desenvolvimento de *Callosobruchus maculatus* F. (Coleoptera:

Bruchidae), uma praga do feijão-frade armazenado. Int. J. Pest Manag. 52(2):117-123.

315. Saroukolai, A.T., S. Moharamipour e M.H. Meshkatalsadat, 2010. Propriedades insecticidas do óleo essencial de *Thymuspersicus* contra *Tribolium castaneum* e *Sitophilus oryzae*. J. Pest Sci. 83:38.

316. Saxena BP, Koul O. 1978. Utilização de óleos essenciais para o controlo de insectos. Indian Perfumer 22:139149.

317. Saxena RC, Dixit OP, Harshan V. 1992. Ação inseticida de *Lantana camara* contra *Callosobruchus chinensis* (Coleoptera: Bruchidae). J. Stored Prod. Res. 28:279-281.

318. Saxena RC, Jillani G, Kareem AA. 1988. Efeitos do neem nos insectos dos cereais armazenados. In: *Focus on Phytochemical Pesticides, Volume 1: The Neem Tree*. M. Jacobson (Editor), 97--111. CRC Press, Flórida.

319. Saxena RC. 1989. Insecticides from Neem. Em J.T. Arnason, B.J.R. Philogene e P. Morand (eds) Insecticides of Plant Origin. American Chemical Society Symposium series 387:110-135.

320. Sayaboc PD, Dixit OP, Harshan V. 1992. Resistência das principais pragas de coleópteros de grãos armazenados ao malatião e ao pirimifosmetilo. Philippine Entomol. 8:653-660.

321. Schmutterer H. 1990. Propriedades e potencial de pesticidas naturais da árvore neem, *Azadirachata indica*. Ann. Rev. Entomol. 35:271-297.

322. Schmutterer H. 1992. As plantas superiores como fontes de novos pesticidas. Em D. Otto, e B. Weber (eds) *Insecticides: Mechanism of Action and Resistance*, pp. 3-15. Andover (Inglaterra): Intercept.

323. Schoonhoven LM. 1982. Aspectos biológicos dos antifeedants. Ent. Exp.Appl. 31:57-69.

324. Sellamia I H, Bettaieba I, Bourgoua S, Dahmania R, Limama F, Marzouka B. 2012. Óleo essencial e composição aromática de folhas, caules e raízes de aipo *(Apium graveolens* var. dulce) da Tunísia. J. Essential Oil Res. 4(6):513-521.

325. Seto S. 1987. Daiichi Yakka Co, Ltd, Japão. Fabrico de coleiras para animais de estimação com repelentes de pragas. Patente JP 87-142137 870609.

326. Shakarami J, Kamali K, Moharamipour S, 2005. Toxicidade fumigante e efeito repelente do óleo essencial de *Salvia bracteata* em quatro espécies de pragas de armazém. J. Entomol. Soc. Iran. 24:3550.

327. Sharaby A. 1988. Avaliação de algumas folhas de plantas Myrtaceae como protectoras contra a infestação por *Sitophilus oryzae* L. e *Sitophilus granarius* L. Insect. Sci. Appl. 9:465-468.

328. Sharma RN. 1993. A utilização de óleos essenciais e de alguns constituintes aleloquímicos comuns para estratégias não insecticidas de gestão de pragas. Em K. L. Dhar, R. K. Thappa, e S. G. Agarwal (eds) *Newer Trends Essential Oils Flavours* pp. 341-51. Nova Deli (Índia): Tata McGraw Hill.

329. Sharopov FS, Zhang H e Setzer WN. 2014. Composição do óleo essencial de gerânio *(Pelargonium graveolens)* do Tajiquistão. Am. J. Essential Oils and Nat. Prod. 2(2):13-16.

330. Shukla J, Tripathi SP, Chaubey MK. 2008. Toxicidade dos óleos essenciais de *Myristica fragrance* e *Illicium verum* contra o escaravelho da farinha *Tribolium castaneum* Herbst (Coleoptera: Tenebrionidae). Elect. J. Envir. Agri. Food Chem. 7(7):3059-3064.

331. Singh B, Kumar R, Bhandari S, Pathania S, Lal B. 2007. Constituintes voláteis de *Boswellia serrata* oleogum-resina natural e amostras comerciais. Flavour Fragr. J. 22:145-147.

332. Singh D, Siddiqui MS, Sharma S. 1989. Propriedades retardadoras da reprodução e fumigantes em óleos essenciais contra o gorgulho do arroz em trigo armazenado. J. Econ. Entomol. 82:727-733.

333. Singh P K. 2010. Uma abordagem descentralizada e holística para a gestão de cereais na Índia Current Sci. 99(9):1179-1180.

334. Skold M, Hagvall L, Karlberg AT. 2008. A autoxidação do acetato de linalilo, o principal composto do óleo de lavanda, cria alergénios de contacto potentes. Contact Dermatitis. 58:9-14.

335. Skold M, Karlberg AT, Matura M, Borje A. 2006. A fragrância química - cariofileno - oxidação do ar e sensibilização da pele. Food Chem. Toxicol. 44:538-545.

336. Slamenova D, Horvathova E, Sramkova M, Marsalkova L. 2007. Efeitos protectores do ADN de dois componentes dos óleos essenciais de plantas carvacrol e timol em células de mamíferos cultivadas in vitro. Neoplasma 54:108-112.

337. Srivastava JL. 1980. Pesticide residue in food grains and pest resistance to pesticides. Bull. Grain Tech.18:65-76.

338. Stamopoulos DC. 1991. Efeitos de quatro vapores de óleos essenciais na oviposição e fecundidade de Acanthoscelides obtectus (Say) (Coleoptera: Bruchidae): avaliação em laboratório. J. Stored Prod. Res. 27:199-203.

339. Stefanazzi N, Gutierrez MM, Stadler T, Bonini NA, Ferrero AA. 2006. Atividade biológica do óleo essencial de *Tagetes terniflora* Kunth (Astereaceae) contra *Tribolium castaneum* Herbst (Insecta, Coleoptera, Tenebrionidae). Bol. Sanidad Veg. Plagas. 32(3):439-447.

340. Stefanazzi N, Stadler TA, Ferrero A. 2011. Composição e atividade tóxica, repelente e dissuasora da alimentação de óleos essenciais contra as pragas de grãos armazenados *Tribolium castaneum* (Coleoptera: Tenebrionidae) e *Sitophilus oryzae* (Coleoptera: Curculionidae). Pragas. Mang. Sci. 67:639-646.

341. Strebler G. 1989. *Les Me'diateurs chimiques: leur incidence sur la bioe'cologie des animaux.* Paris: Techniques et Documentation Lavoisier.

342. Surburg H, Panten J. 2006. Materiais Comuns de Fragrâncias e Aromas. Preparação, Propriedades e Usos. 5ª Ed. WILEY-VCH, Weinheim.

343. Svoboda K, Svoboda T, Syred A. 2001. Um olhar mais atento: Estrutura secretora de plantas aromáticas e medicinais. HerbalGram. 53:34-43.

344. Sylvestre M, Longtin APA, Legault J. 2007. Constituintes voláteis das folhas e atividade anticancerígena do óleo essencial de *Bursera simaruba* (L.) Sarg. Nat. Prod. Commun. 2:1273-1276.

345. Tadesse A, Basedow T. 2004. Levantamento dos problemas das pragas de insectos e da proteção dos produtos armazenados no milho armazenado na Etiópia no ano 2000. *Zeitschrift für Pflanzenkrankheiten und Pflanzenschutz.* 111:257-265.

346. Taghizadeh-Sarikolaei A, Moharamipour S. 2010. Toxicidade fumigante do óleo essencial de *Thymus persicus* (Lamiaceae) e *Prangos acaulis* (Apiaceae) contra *Callosobruchus maculatus* (Coleoptera: Bruchidae). Plant Prot. 33(1):55-68.

347. Taiz L, Zeiger E. 2004. Fisiologia Vegetal. 3ª ed. Artmed, Porto Alegre. 719.

348. Talukder FA, Howse PE. 1994. Avaliação laboratorial das propriedades tóxicas e repelentes da árvore pithraj, *Aphanamixis polystachya* Wall & Parker, contra *Sitophilus oryza* (L.). Int. J. Pest Manag. 40:274-279.

349. Talukder FA. 1995. Isolamento e caraterização dos compostos secundários activos de Pithraj *(Aphanamixis polystachya)* no controlo de insectos-praga de produtos armazenados. Tese de doutoramento. Universidade de Southampton, Reino Unido.

350. Tewari N, Tiwari SN. 2008. Toxicidade fumigante do óleo de capim-limão, *Cymbopogon flexuosus* (D.C.) Stapf, na produção de descendência de *Rhyzopertha dominica* F., *Sitophilus oryzae* L. e *Tribolium castaneum* Herbst. Environ. Ecol. 26(4A): 1828-1830.

351. Thomas S, Mani B. 2016. Composição química, propriedades antibacterianas e antioxidantes do óleo essencial dos rizomas de *Hedychium forrestii* var. *palaniense* Sanoj e M. Sabu. Indian J Pharm Sci. 78(4):452-457.

352. Trono J. 1994. História de vida dos gorgulhos imaturos do milho (Cole-optera: Curculionidae) em milho armazenado a temperaturas e humidades relativas constantes no laboratório. Environ. Entomol. 23:1459-1471.

353. Toews MD, Campbell JF, Arthur FH, Ramaswamy SB. 2006. Atividade de voo no exterior e imigração de *Rhyzopertha dominica* para armazéns de sementes de trigo. Entomol. Exp. Appl. 121:7385.

354. Toloza AC, Lucia A, Zerba E, Masuh H, Picollo MI. 2008. Hibridação interespecífica de eucalipto como uma ferramenta potencial para melhorar a bioatividade de óleos essenciais contra piolhos resistentes à permetrina da Argentina. Bioresour. Technol. 99:7341-7347.

355. Tran BMD, Credland PF. 1995. Consequências da consanguinidade para o escaravelho da semente do feijão-frade, *Callosobruchus maculates* (F.) (Coleoptera: Bruchidae). Biol. J. Linn. Soc. 56:483-503.

356. Tripathi A, Prajapati V, Aggarwal K, Kumar S. 2001. Toxicidade, dissuasão alimentar e efeito da atividade do 1,8-cineol de *Artemisia annua* na produção de descendência de *Tribolium castanaeum* (Coleoptera: Tenebrionidae). J. Econ. Entomol. 94:979-983.

357. Tripathi A, Prajapati V, Khanuja S, Kumar S. 2003. Effect of d-limonene on three stored-product beetles. J. Econ. Entomol. 96:990-995.

358. Tripathi AK, Prajapati V, Aggrawal KK, Khanuja SPS, Kumar S. 2000a. Toxicidade para *Tribolium castaneum* na fração de óleo essencial de sementes de *Anethum sowa*. J. Med. Arom. Plant Sci. 22:40.

359. Tripathi AK, Prajapati V, Aggrawal KK, Khanuja SPS, Kumar S. 2000b. Repelência e toxicidade do óleo de *Artemisia annua* para certos escaravelhos de produtos armazenados. J. Econ. Entomol. 93:43-47.

360. Tripathi AK, Upadhyay S, Bhuiyan M, Bhattacharya P.R. 2009. Revisão das perspectivas dos óleos essenciais como biopesticidas na gestão de pragas de insectos. J Pharmacog Phytother. 1:52-63.

361. Tsubochi K, Sugimoto H. 1992. Daiken Trade & Industry, Japão. Método melhorado para aumentar o desempenho inseticida e antimofo de painéis decorativos impregnados. Patente JP 92112272 920403.

362. Tubiello FN, Soussana JF, Howden SM. 2007. Resposta das culturas e das pastagens às alterações climáticas. PNAS U.S.A. 104, 19686-19690.

363. Tunc I, Berger BM, Erler F, Dagli F. 2000. Atividade ovicida de óleos essenciais de cinco plantas contra dois insetos de produtos armazenados. J. Stored Prod. Res. 36:161-168.

364. Tyler PS, Taylor RWD, Rees DP. 1983. Resistência dos insectos à fumigação com fosfina em armazéns alimentares no Bangladesh. Int. Pest Control. 25:10-13.

365. Ukeh DA. 2008. Bioactividades dos óleos essenciais de *Afromomum melegueta* e *Zingiber officinale* ambos (Zingiberaceae) contra *Rhyzopertha dominica* (Fabricius). J. Entomol. 5(3):193-199.

366. Urabe C. 1992. Controlo de insectos na madeira. Patente JP 92-308238 921021.

367. Urzua A, Santander R, Echeverria J, Cabeza N, Palacios S, Rossi Y. 2010. Propriedades insecticidas dos óleos essenciais de *Haplopappus foliosus* e *Bahia ambrosoides* contra a mosca doméstica, Musca domestica L. J. Chil. Chem. Soc. 55:392-395.

368. Usha RB, Mohan S. 2007. Um inquérito sobre os dispositivos disponíveis, métodos de armazenamento de leguminosas e suas perdas no distrito de Coimbatore. Indian J. Agri. Res. 41(3):22-227.

369. Utida S. 1972. Polimorfismo dependente da densidade no adulto de *Callosobruchus maculatus* (Coleoptera, Bruchidae). J. Stored Prod. Res. 8:111-126.

370. Van Zyl RL, Seatlholo ST e van Vuuren SF. 2006. As actividades biológicas de 20 constituintes de óleos essenciais idênticos aos naturais. J. Essential Oil Res. 18:129-133.

371. Vargas RI, Stark JD, Kido MH, Ketter HM, Whitehand LC. 2000. Armadilhas de metil-eugenol e cuelure para a supressão de machos da mosca da fruta oriental e da mosca do melão (Diptera:Tephritidae) no Havai: Efeitos das misturas de iscas e do desgaste. J. Econ. Entomol. 93, 81-87.

372. Vazirian M, Mohammadi M, Farzaei MH, Amin G, Amanzadeh Y. 2015. Composição química e atividade antioxidante do óleo essencial de *Origanum vulgare* subsp. *vulgare* do Irão. Res. J. Pharmacognosy. 2(1):41-46.

373. Vekiari SA, Protopapadakis EE, Papadopoulou P, Papanicolaou D, Panou C, Vamvakias M. 2002. Composição e variação sazonal do óleo essencial das folhas e da casca de uma variedade de limão de Creta. J. Agri. Food Chem. 50:147-153.

374. Vercesi AE, Kowaltowski AJ, Grijalba MT, Meinicke AR, Castilho RF. 1997. O papel das espécies reactivas de oxigénio na transição da permeabilidade mitocondrial. Biosci. Rep. 17:43-52.

375. Verghese J, Joy MT, Retamar JA, Malinskas GG, Catalán CAN, Gros EG. 1987. A fresh look at the constituents of Indian olibanum oil. Flavour Fragr. J.2:99-102.

376. Verma N, Tripathi AK, Prajapati V, Bahl JR, Khanuja SPS, Kumar S. 2000. Toxicidade do óleo essencial de *Lippia alba* contra insectos de grãos armazenados. J. Med. Arom. Plant Sci. 22: 50.

377. Vinutha JS, Bhagat D. Bakthavatsalam N. 2013. Nanotecnologia no manejo da praga polífaga

Helicoverpa armigera. J. Acad. Indus. Res. 1:606-608.

378. Viuda-Martos M, Ruiz-Navajas Y, Fernandez-Lopez J, Perez-Alvarez JA. 2007. Composição química dos óleos essenciais obtidos de algumas especiarias amplamente utilizadas na região mediterrânica. Ata Chim. Slov. 54:921-926.

379. Voo SS, Grimes HD, Lange BM. 2012. Avaliação das capacidades biossintéticas das glândulas secretoras na casca de citrinos. Plant Physiol. 159:81-94.

380. Waliwitiya R, Kennedy CJ, Lowenberger CA. 2009. Atividade larvicida e de alteração da oviposição de monoterpenóides, *trans-anethole* e óleo de alecrim para o mosquito da febre amarela *Aedes aegypti* (Diptera: Culicidae). Pest Manag Sci. 65:241-248.

381. Wallbank BE, Greening HG. 1976. Resistência a insecticidas em insectos de cereais. Agriculture Gazette of New South Wales. 87:29-31.

382. Wang D, Collins PJ, Gao X. 2006. Otimização da fumigação com fosfina em interiores de pilhas de sacos de arroz em casca sob cobertura para controlo de insectos resistentes. J. Stored Prod. Res. 42:207-217.

383. Wang J, Zhao Z, Tsai JH. 2000. Resistência e algumas actividades enzimáticas em *Liposcelis bostrychophila* Badonnel (Psocoptera: Liposcelididae) em relação a atmosferas enriquecidas com dióxido de carbono. J. Stored Prod. Res. 36:297-308.

384. Wang X, Hao Q, Chen Y, Jiang S, Yang Q, Li Q. 2015. O efeito da composição química e bioatividade de vários óleos essenciais em *Tenebrio molitor* (Coleoptera: Tenebrionidae). J. Insect Sci. 15:116-122.

385. Watanabe K, Umeda K, Kurita Y, Takayama C e Miyakado M. 1990. Dois monoterpenos insecticidas telfairina e aplysiaterpenóide A, da alga vermelha, *Plocamium telfairiae:* Elucidação da estrutura, atividade biológica e consideração topográfica molecular através de um estudo orbital molecular semi-empírico. Pest. Biochem. Physiol. 37:275-286.

386. Weisler R. 1987. Composição repelente de insectos sistémica que inclui vitamina B1 e alilsulfureto. Patente US 87-98686 870921.

387. Wenqiang G, Shufen L, Ruixiang Y, Shaokun T, Can Q. 2007. Comparação de óleos essenciais de botões de cravinho extraídos com dióxido de carbono supercrítico e outros três métodos de extração tradicionais Chemistry of essential oils. Food Chem. 101:1558-1564.

388. White ND, Harein PK, Sinha RN. 1985. Situação atual das recomendações de insecticidas para a gestão de cereais armazenados no Canadá e nos Estados Unidos. Boletim da Estação Experimental Agrícola do Minnesota. AD-SB-2565.

389. Xu H, Chiu S. 1994. Aplicação de óleos essenciais para o controlo de pragas de insectos. Tianran Chanwu Yanjiu Yu Kaifa. 6:82-88.

390. Yamaguchi A, Okubo T, Nanbu H, Ishigaki S, Kawetake M, Okabe T, Saito K, Otomo Y. 1989. Taiyo Chemical Company Ltd. Japão. Adesivo com efeito repelente de insectos e antibacteriano. *Patente JP 89-248713 890925.*

391. Yang FL, Li XG, Zhu F, Lei CL. 2009. Caracterização estrutural de nanopartículas carregadas com óleo essencial de alho e sua atividade inseticida contra *Tribolium castaneum* (Herbst) (Coleoptera: Tenebrionidae). J. Agric. Food Chem. 10156-10162.

392. Yang P, Ma Y, Zheng S. 2005. Atividade adulticida de cinco óleos essenciais contra *Culex pipiens quinquefasciatus*. J. Pesticide Sci. 30:84-89.

393. Yao MC, Lo KC. 1995. Resistência ao Phoxim em Sitotroga Cerealella Olivier em Taiwan. J. Agri. Res. China. 44:166-173.

394. Yeom HJ, Kang JS, Kim GH, Park IK. 2012. Atividade inseticida e de inibição da acetilcolina esterase dos óleos essenciais de plantas de Apiaceae e dos seus constituintes contra adultos da barata alemã *(Blattella germanica)*. J. Agr. Food Chem. 60(29):7194-7203.

395. Yoon HS, Moon SC, Kim ND, Park BS, Jeong MH, Yoo YH. 2000. A genisteína induz a apoptose das células RPE-J através da abertura da PTP mitocondrial. Biochem. Biophys. Res. Commun. 276:151-156.

396. Youssef NS. 1997. Propriedades tóxicas e sinérgicas de vários óleos voláteis contra larvas da mosca doméstica, *Musca domestica vicina* Maquart (Diptera; Muscidae). Egyptian German Soc. Zool. 22:131-149.

397. Zapata N, Smagghe G. 2010. Repelência e toxicidade dos óleos essenciais das folhas e da casca de *Laurelia sempervirens* e *Drimys winteri* contra *Tribolium castaneum*. Ind. Crops Prod. 32: 405410.

398. Zellner DA, Dugo P, Dugo G, Mondello L. 2010. Análise de Óleos Essenciais. In: Essential Oils Science, Technology and Applications, Baser, C., K. Husnu e G. Buchbauer (Eds.). CRC Press, Nova Iorque, pp: 151-177.

399. Zettler JL, Cuperus GW. 1990. Resistência aos pesticidas em *Tribolium castaneum* (Coleoptera: Tenebrionidae) e *Rhyzopertha dominica* (Coleoptera: Bostrichidae) no trigo. J. Econ. Entomol. 83:1677-1681.

400. Zettler JL. 1990. Phosphine resistance in stored product insects in the United States. pp. 10411049 in Proceedings of the Fifth International Working Conference on Stored-Product Protection. 9-14 de setembro de 1990, Bordéus, França.

401. Zhao A, Yang X, Yang X, Wang W, Tao H. 2011. Análise GC-MS do óleo essencial da raiz de *Angelica dahurica* cv. Qibaizhi. Zhongguo Zhong Yao Za Zhi. 36(5):603-607.

402. Zhou MZ, Sun HC, Hu ZH, Sun XL. 2004. A SOD aumenta a infecciosidade da nucleopoliedrose de um único nucleocapsídeo de *Helocoverpa armigera* contra larvas de *H. armigera*. Virologia Sinica. 18:506-507.

403. Zoghbi MDGB, Andrade EHA, Lima MDP, Silva TMD, Daly DC. 2005. Os óleos essenciais de cinco espécies de *Protium* que crescem no Norte do Brasil. JEOBP. 8:312-317.

404. Zoghbi MDGB, Maia JGS, Luz AIR. 1995. Constituintes voláteis de folhas e caules de *Protium heptaphyllum* (Aubl.). J. Essential Oil Res. 7:541-543.

405. Zoubiri S, Baaliouamer A. 2010. Composição do óleo essencial de sementes de *Coriandrum sativum* cultivadas na Argélia como protetor de grãos alimentares. Food Chem. 122:1226-1228.

406. Zygadlo JA. 1994. Antifungal properties of the leaf oils of *Tagetes minuta* L. and *T. Filifolia* Lag. J. Essential Oil Res. 6:617-621.

Printed by Books on Demand GmbH, Norderstedt / Germany